HISTOIRE NATURELLE DES ÊTRES VIVANTS

TOME II

Fascicule I

REPRODUCTION CHEZ LES ANIMAUX

ET COMPLÉMENTS

HISTOIRE NATURELLE
DES ÊTRES VIVANTS

TOME II

Fascicule I

REPRODUCTION CHEZ LES ANIMAUX

ET COMPLÉMENTS

DU COURS D'ANATOMIE & PHYSIOLOGIE

A L'USAGE DES CANDIDATS

au Certificat d'études physiques, chimiques et naturelles
et à la Licence ès sciences naturelles

PAR

E. AUBERT

Docteur ès sciences, Agrégé de l'Université,
Professeur au lycée Charlemagne.

PARIS

LIBRAIRIE CLASSIQUE DE F.-E. ANDRÉ-GUÉDON

E. ANDRÉ FILS, SUCCESSEUR

6, rue Casimir-Delavigne (près l'Odéon)

(CI-DEVANT, 15, RUE SÉGUIER)

1895

PRÉFACE

Le 1er fascicule du second Tome de l'*Histoire naturelle des Êtres vivants* comprend : l'étude de la *reproduction chez les Animaux;* des *Compléments du Cours d'Anatomie et Physiologie,* Cours qui a fait l'objet du 1er Tome du même ouvrage.

En traitant de la *reproduction chez les Animaux,* je n'ai pas perdu de vue qu'un grand nombre des jeunes gens qui préparent le Certificat d'études physiques, chimiques et naturelles, se destinent à la carrière médicale ; aussi, tout en exposant d'une manière générale l'origine de l'œuf, sa segmentation et le développement chez les Métazoaires, j'ai réservé une large place à l'étude de la reproduction et du développement chez l'Homme.

Les *Compléments* comprennent : l'*étude* de quelques *glandes,* les unes spéciales (*glandes mammaires*), les autres incomplètement connues physiologiquement (*corps thyroïde, thymus, capsules surrénales, pancréas*); l'examen des *organes photogènes* et des *organes électriques;* enfin, l'exposé succinct des recherches publiées tout récemment par M. S. Ramon y Cajal sur la *structure du système nerveux.*

Il importe aux futurs médecins, comme aux candidats à la Licence ès sciences naturelles auxquels ce livre est également destiné, de posséder des connaissances précises, sinon très étendues. sur des sujets d'une telle importance.

Je suis heureux. en terminant, de témoigner toute ma gratitude à M. Giard, titulaire à la Sorbonne de la chaire d'Évolution des êtres organisés et mon excellent Maître, qui a bien voulu m'aider de ses précieux conseils dans la rédaction de ce travail.

E. AUBERT.

Paris, 1er janvier 1895.

TABLE DES MATIÈRES

DEUXIÈME PARTIE

COMPLÉMENTS DU COURS D'ANATOMIE ET DE PHYSIOLOGIE

HISTOIRE NATURELLE
DES ÊTRES VIVANTS

PREMIÈRE PARTIE

FONCTIONS DE REPRODUCTION
CHEZ LES ANIMAUX

Tout organisme vivant a une existence limitée.

Si tous les êtres mouraient sans rien laisser de leur substance à l'état actif, le monde organisé serait anéanti en peu d'années. Chaque être vivant doit donc assurer non seulement sa conservation propre, mais encore celle de son espèce.

On appelle *reproduction l'ensemble des phénomènes par lesquels les êtres vivants perpétuent leur espèce.* A cet effet, l'animal ou le végétal abandonne l'une de ses parties qui se transformera graduellement en un être *semblable à lui-même ;* cet individu nouveau demeurera vivant après la disparition de l'organisme qui lui a donné naissance.

Les êtres vivants naissent de parents qui les ont ENGENDRÉS.

Pouchet a été l'un des derniers défenseurs (1864) de la théorie de la *génération spontanée :* les anciens admettaient que la plupart des organismes inférieurs, même les Grenouilles et les Chenilles, sont le résultat d'une simple modification des matières en putréfaction, d'une fermentation de la vase des étangs ; que les Vers parasites se forment dans les humeurs des animaux qui les abritent, que les Infusoires apparaissent spontanément dans les infusions où ils pullulent, etc... *Tous ces êtres seraient créés et non engendrés.*

Les expériences de M. Pasteur ont montré qu'il n'en peut être ainsi, même pour les organismes les plus élémentaires.

La théorie de la génération spontanée est universellement rejetée aujourd'hui ; on a reconnu, en effet, que les conditions cosmiques *actuelles* sont inaptes à permettre la transformation des matières organiques en matière organisée douée de vie.

Les phénomènes de reproduction chez les Végétaux ont été longuement traités dans le 1er tome de cet ouvrage (pages 498 à 500), nous exposerons uniquement ici les modes les plus généraux suivant lesquels se reproduisent les animaux.

MODES DE REPRODUCTION

1° La reproduction est dite *asexuelle* ou *monogène*, quand un seul être concourt, par *scissiparité* (fractionnement simple ou multiple) ou par *bourgeonnement*, à la conservation de son espèce. Elle a lieu, le plus généralement, sans le secours d'organes spéciaux ; les Protozoaires en fournissent de nombreux exemples.

2° La reproduction *sexuelle* ou *digène* consiste dans l'union (*conjugaison*) de deux êtres (Protozoaires), ou dans la *fusion* de cellules spéciales (*germes*) issues de deux êtres distincts (Métazoaires). Ces cellules, parfois identiques, sont le plus souvent différentes d'aspect et prennent naissance dans des glandes particulières ; l'un de ces germes, appelé *spermatozoïde*, a *fécondé* l'autre désigné sous le nom d'*ovule*.

L'œuf, qui résulte de l'union des germes considérés, se développe en un être identique aux deux organismes générateurs, qui sont l'un et l'autre *unisexués*.

Parfois, spermatozoïdes et ovules proviennent d'une même glande dite *hermaphrodite* (Escargot, *Cymbulia*). L'ovule peut aussi se développer, chez quelques animaux (Insectes, Rotifères), sans avoir été préalablement fécondé par le spermatozoïde ; c'est le phénomène de *parthénogénèse* ou *reproduction virginale*, qu'on observe assez rarement d'ailleurs.

REPRODUCTION			
ASEXUELLE.	*Scissiparité*......	Fractionnement simple.	
		— multiple.	
	Bourgeonnement.		
SEXUELLE.	*Conjugaison*....	Fusion temporaire (rajeunissement).	
		— permanente : *Spores*.	
	Reprod. sexuelle proprement dite.	Spermatozoïde.	*Œuf.*
		Ovule.	

I. — REPRODUCTION ASEXUELLE

Les Protozoaires qui sont unicellulaires nous fournissent des exemples nombreux et variés de la reproduction asexuelle.

§ 1. — Scissiparité.

La reproduction par *scissiparité* ou *fractionnement* consiste dans la division de l'organisme ordinairement en deux parties semblables ; les deux êtres nouveaux diffèrent de leur parent par la taille qu'ils acquerront eux-mêmes pour subir une pareille scission.

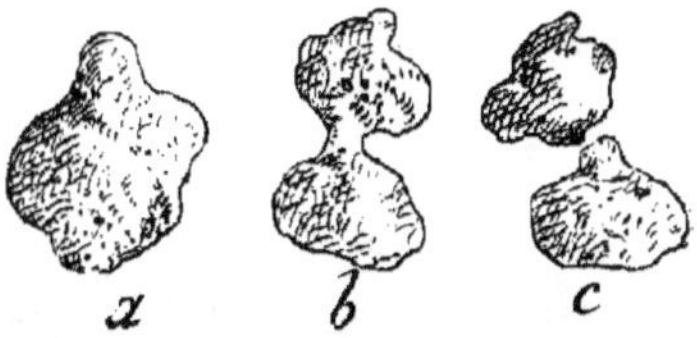

(a). Fractionnement simple. — La *Protamœba primitiva* (fig. 1, *a*) est une Monère de forme à chaque instant variable, semblable à une gouttelette

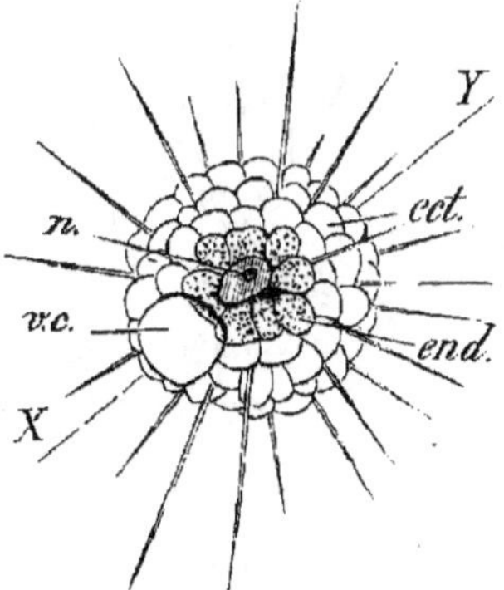

Fig. 1. — *Protamœba primitiva*. Reproduction asexuelle par *scissiparité :* L'être *a* subit un étranglement en son milieu, *b ;* les deux moitiés deviennent indépendantes, *c.*

graisseuse, qui, parvenue à une dimension maximum de quelques centièmes de millimètre, se divise en deux (*b*, *c*).

Chez un Rhizopode, l'*Actinosphærium Eichhornii* (fig. 2), l'aspect aréolaire du corps disparaît ; celui-ci se contracte, devient opaque par l'accumulation de granules en son milieu ; la périphérie seule demeure mince et transparente ; la ligne de séparation (XY) s'établit autour d'une vacuole contractile, *v.c*, qui continue à fonctionner tout en se partageant en deux. Les deux corps globulaires ne sont bientôt plus réunis que par un filament ténu s'étendant entre les sommets des deux vacuoles jeunes, filament qui se rompt lors de leur contraction.

Fig. 2. — *Actinosphærium Eichhornii*. L'animal se divisera en deux, par scissiparité, suivant le plan XY qui coupe la vacuole contractile *v.c. ect*, ectoplasme ; *end*, entoplasme ; *n*, noyau.

La scissiparité débute par le noyau, chez les *Paramécies* (Infusoires) (fig. 3, *a*). Le noyau ou macronucléus s'étrangle en son milieu, puis l'animal adopte la forme d'un 8 dont le segment antérieur porte le cytostome : dans le segment postérieur se creuse un sillon buccal pour le deuxième individu. Les deux Infusoires nouveaux demeurent assez longtemps accolés ; une rupture se produit tôt ou tard ; chacun d'eux est désormais pourvu d'un noyau et de deux vésicules contractiles, comme la Paramécie primitive.

(b). Fractionnement multiple. — Une Monère, la *Protomyxa aurantiaca* (fig. 4, *a*), nous offre un bel exemple de ce mode de fragmentation. Cette masse gélatineuse orangée émet de nombreux pseudopodes sur toute sa périphérie ; parvenue à une taille convenable, elle rentre ses pseudopodes, s'entoure d'une membrane épaisse et transparente : *elle s'enkyste* (*b*).

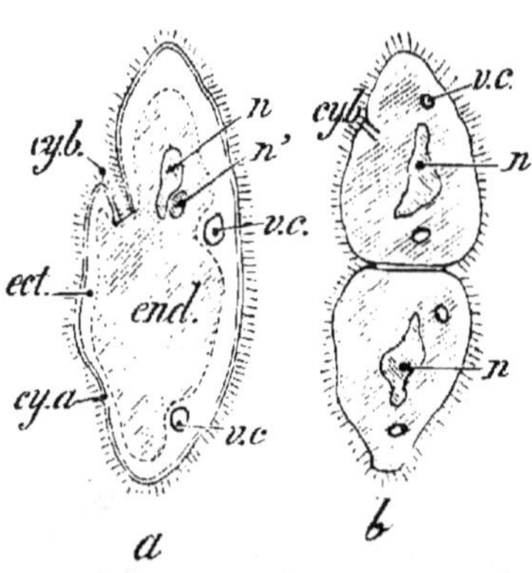

Fig. 3. — *Paramæcium aurelia*. L'être entier *a* présente, en *b*, un étranglement médian d'où résultera sa division en deux individus nouveaux. *cy.b.* cytostome ; *cy.a.* cytosomus ; *ect.* ectoplasme ; *end.* entoplasme ; *n*. macronucléus ; *n'*, micronucléus ; *v.c*, vacuoles contractiles.

La masse, homogène d'abord à l'intérieur du kyste, se divise

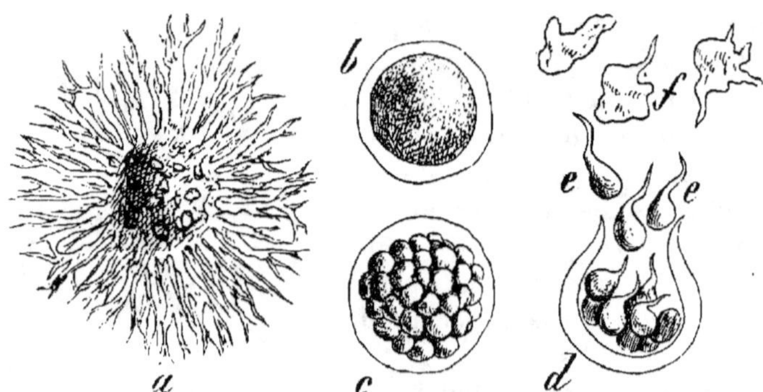

Fig. 4. — *Protomyxa aurantiaca*. L'être parfait *a* s'est *enkysté* en *b* ; la masse protoplasmique du kyste se divise en petites sphérules, *c*, qui s'échappent du kyste rompu, *d*, à l'état de zoospores, d'abord flagellifères *e*, puis amiboïdes *f*.

en petites sphères indépendantes (*c*) qui s'échappent du kyste rompu (*d*) à l'état de zoospores pourvues d'un flagellum (phase flagellifère, *e*) ; peu à peu, chacun des petits êtres nouveaux adopte la forme amiboïde (*f*), acquiert des pseudopodes et grandit comme l'individu primitif.

Les Sporozoaires sont des Protozoaires présentant aussi un fractionnement multiple, lorsqu'ils ont atteint leur dimension maximum. Dans ce groupe sont rangées les Grégarines dont l'*Hoplorhynchus oligacanthus* est un type intéressant.

L'*Hoplorhynchus* consiste en trois segments dont l'antérieur (*épiméride, ep*) (fig. 5, *a*) est un appendice de fixation, le moyen (*protoméride, pr*) est dépourvu de noyau ; le postérieur (*deutoméride, de*) possède, outre le protoplasme, un noyau très net. A un moment donné, la Grégarine s'enkyste ; le contenu

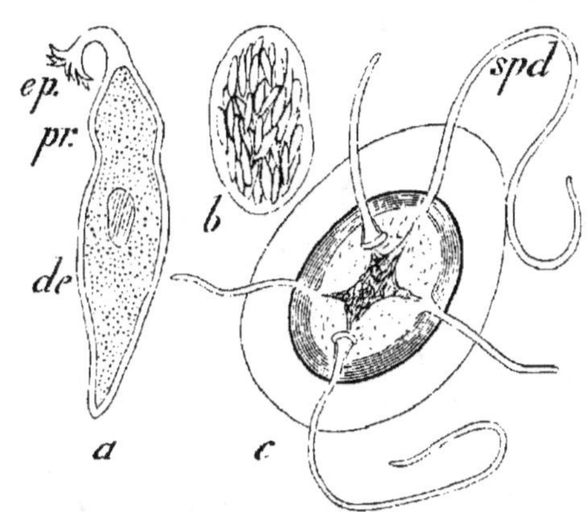

FIG. 5. — *Hoplorhynchus oligacanthus*. L'animal *a* s'enkyste en *b* ; le contenu du kyste se partage en une foule de *sporanges* qui s'échappent, en *c*, par les sporoductes *spd*. — *ep*, épiméride ; *pr*, protoméride ; *dr*, deutoméride.

du kyste se rétracte, se divise en une foule de corpuscules appelés *sporanges* (*b*). A la surface du kyste apparaissent des tubes (*sporoductes, spd, c*) par lesquels s'échappent les *sporanges*. Chacun de ces corpuscules, sous l'influence de l'humidité, rompt son enveloppe protectrice et met en liberté une masse protoplasmique douée de mouvements amiboïdes.

§ 2. — Bourgeonnement.

Ce phénomène diffère de la scissiparité en ce que les deux organismes produits par l'individu primitif sont de taille inégale ; le plus petit, le *bourgeon*, se sépare du plus grand après que ce dernier a subi un certain accroissement propre à le rendre semblable à l'organisme générateur. Le bourgeon n'entraîne, en se séparant, aucune partie essentielle du parent.

Parmi les Protozoaires, les *Acinètes* se reproduisent par bourgeonnement. La *Podophrya gemmipara* (fig. 6, *a*) est un Infusoire dont le protoplasme, hérissé de suçoirs et de filaments préhensiles, forme des bourgeons plus ou moins nombreux dans chacun

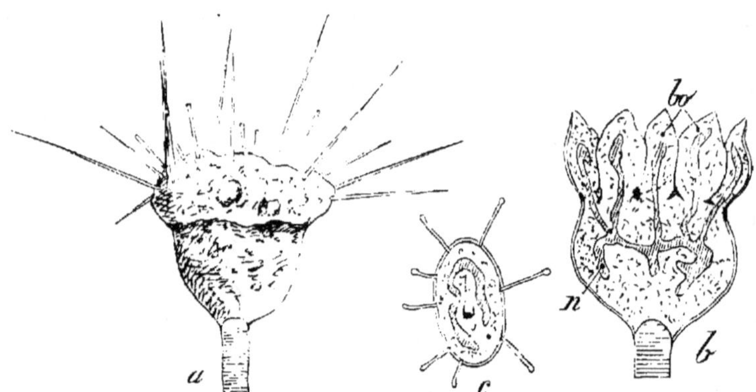

Fig. 6 — *Podophrya gemmipara*. Reproduction asexuelle par *bourgeonnement*.
L'individu *a* forme, en *b*, des bourgeons *bo* qui se détachent et deviennent autant
d'individus nouveaux. *c*.

desquels le noyau envoie un prolongement (*b*). Ces petits bourgeons se détachent et forment autant d'individus nouveaux (*c*).

<h2 style="text-align:center">§ 3. — Scissiparité et bourgeonnement
non suivis de la séparation des individus nouveaux.</h2>

Fréquemment, le fractionnement et l'émission de bourgeons se
produisent incomplètement, en ce sens que *les individus ne se
séparent pas; ils demeurent associés
en colonies.*

Ce fait se produit chez les Protozoaires et fréquemment aussi parmi les Métazoaires inférieurs.

**Scissiparité avec associa-
tion.** — Le *Myxodictyum sociale*
(fig. 7) est une Monère présentant
l'aspect de petits grumeaux avec
pseudopodes rayonnants et ramifiés; quand l'un de ces grumeaux a
atteint un notable volume, il se
divise en deux parties qui demeurent associées par leurs pseudopodes, grandissent et se dédoublent

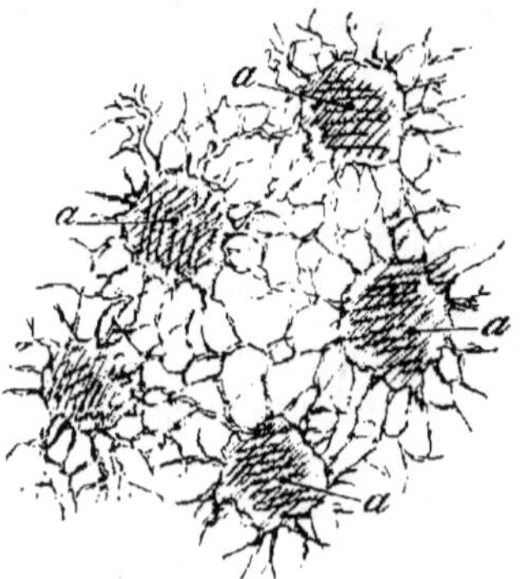

Fig. 7. — *Myxodictyum sociale.*
Colonie d'individus monocellulaires
a demeurant associés après la *scissiparité* d'un être primitif.

à leur tour, et ainsi de suite. L'association de ces individus (*a*) est telle que les courants protoplasmiques entraînent de l'un à l'autre les particules alimentaires.

Les *Monobia* forment également des colonies de Monères. Nombre d'Infusoires forment aussi des associations parfois volumineuses. Les *Rhipidodendron* (fig. 8) sont des cellules flagellifères habitant chacune un tube légèrement conique, plus ou moins arqué, qui croît constamment et n'est habité qu'à son extrémité ; l'association de ces tubes constitue une sorte d'éventail.

Les *Cladomonas, Phalansterium, Poteriodendron*, etc... édifient également des colonies dont l'aspect est variable avec chaque espèce flagellifère.

Bourgeonnement avec association. —

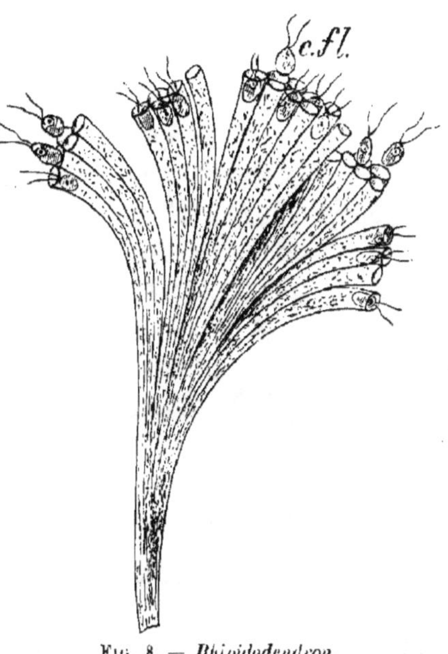

Fig. 8. — *Rhipidodendron*.
Colonie de cellules flagellifères, *c.fl.*

Les *Polypes* (Cœlentérés) comprennent un grand nombre de formes coloniales obtenues par un semblable bourgeonnement.

L'*Hydre* est un petit animal, *Hy* (fig. 9, 1), fixé par sa base sur une plante aquatique qui lui sert de support ; elle est constituée par une sorte de doigt de gant avec un seul orifice, *o* (bouche et anus) entouré de 6 à 18 tentacules flottant dans l'eau et destinés à capturer les matières alimentaires. Abondamment nourrie, l'Hydre se hérisse de boursouflures où se prolonge la cavité digestive ; ces saillies s'accusent davantage et forment chacune un animal nouveau (2) avec une bouche, des bras terminaux et une cavité digestive communiquant avec celle de l'animal primitif, *H*. La proie, saisie par l'un quelconque des membres de la nouvelle colonie, est digérée par lui et la matière alimentaire est portée d'une cavité digestive à une autre par les contractions de l'ensemble. Au bout d'un temps variable, des séparations se produisent à la base des cavités des divers individus qui se détachent et adoptent une vie indépendante.

La colonie d'Hydres a été une association temporaire d'individus tous identiques.

Chez le Corail (*Corallium rubrum*, fig. 10), les individus sont

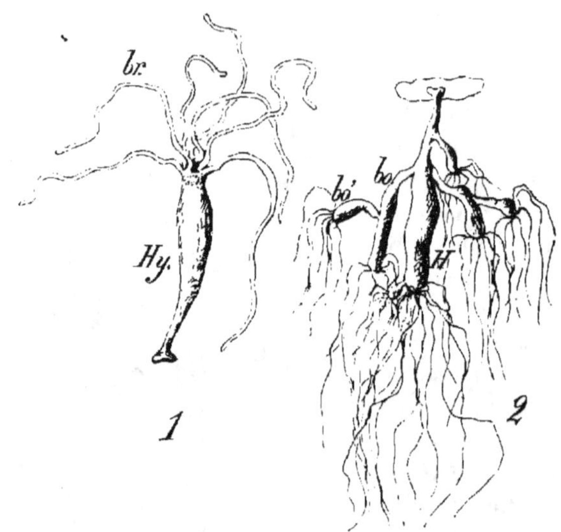

Fig. 9. — *Hydra grisea*. L'Hydre grise, *Hy* (1). abondamment nourrie, forme latéralement des *bourgeons bo'. bo"* (2) qui se différencient en autant d'individus *semblables*, associés *temporairement*.

encore tous semblables, mais le *communisme y est parfait et constant*. Chaque individu sécrète un axe calcaire *a.c* (fig. 11) autour duquel sont disposés : d'abord des canaux assez réguliers, *v.r*, parallèles et reliés les uns aux autres ; puis d'autres canaux formant un réseau superficiel irrégulier *v.ir*, à mailles très serrées : tout ce système solide s'appelle un *polypier*. La cavité digestive de chaque individu communique avec cet ensemble de vaisseaux, et tous contribuent, chacun pour sa part, à l'entretien de la colonie, du cormus (Giard), qui résulte du bourgeonnement des individus les plus anciens.

Fig. 10. — *Corallium rubrum* (Corail). Sur le polypier *po* sont disposés un grand nombre de polypes. *p*, *tous semblables*.

Sur un même polypier sont des individus d'âges divers ; la

substance molle de ceux qui meurent disparaît seule, les bour-

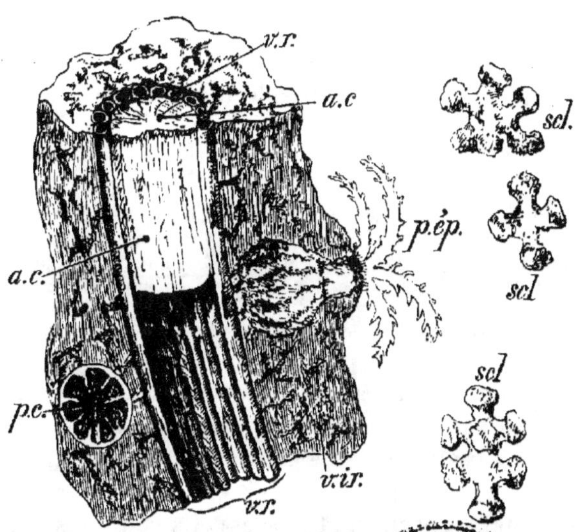

FIG. 11. — *Corallium rubrum*. Section schématisée du polypier passant par l'axe de symétrie d'un polype épanoui, *p.ép.*, et coupant transversalement un autre polype contracté, *p.c*, au niveau de la cavité digestive. — *a.c*, axe calcaire du polypier entouré de canaux réguliers, *v.r.* puis d'un ensemble de canaux, *v.ir*, formant un réseau irrégulier superficiel, *scl*, spicules formant le polypier.

geons nouveaux croissent, deviennent adultes et bourgeonnent à leur tour. Le polypier, d'année en année, s'accroît de la sécrétion fournie par chaque individu disparu.

Certaines colonies sont formées *d'individus dissemblables*, différenciés en vue de fonctions particulières ; tel est le cas de certains Hydroïdes où la division du travail physiologique est nettement en vigueur. Ainsi, l'*Hydractinia echinata*, qui vit habituellement sur la coquille du Buccin habitée par un Pagure Bernard-l'Ermite, présente trois sortes d'organismes élémentaires (*zoïdes*) :

1° Les *gastrozoïdes*, *ga* (fig. 12), ont la forme d'une poche ovoïde, pourvue d'une bouche entourée de tenta-

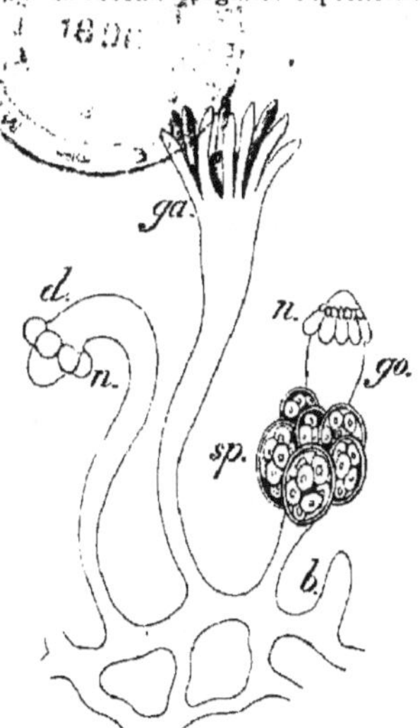

FIG. 12. — *Hydractinia echinata*. Colonie d'individus différenciés en vue de fonctions variées. *ga*, gastrozoïdes ; *d*, dactylozoïdes avec batteries de nématocystes *n* ; *go*, gamozoïdes portant des sporosacs, *sp*.

cules, dont la cavité communique avec celle des polypes voisins par des stolons ; leur fonction consiste à nourrir la colonie tout entière.

2° Les *dactylozoïdes*, *d*, sans bouche ni cavité centrale, sont garnis de tentacules rudimentaires formant d'énormes batteries de *nématocystes*.

Un nématocyste est une vésicule à paroi résistante, remplie d'un liquide hyalin et contenant un fil très fin, enroulé en une spirale assez régulière. Sous l'effet du contact le plus léger, le fil, projeté comme un ressort, pénètre dans les tissus à la manière d'un aiguillon, y est retenu par des barbules et y injecte le liquide venimeux dont il est imprégné. Ce liquide provoque une inflammation et une sensation douloureuse, analogues à celles d'une piqûre d'ortie. On donne pour cette raison au nématocyste le nom de *capsule urticante*.

Aux dactylozoïdes est dévolue la défense de l'association.

3° Les *gamozoïdes*, *go*, moins vigoureux que les précédents, possèdent deux batteries de nématocystes et, sur leurs flancs, des *sporosacs*, productions qui renferment les deux espèces d'*éléments sexuels*, *sp* (spermatozoïdes et ovules). Ils sont ainsi chargés de perpétuer l'espèce à laquelle ils appartiennent.

II. — REPRODUCTION SEXUELLE

§ 1. — CONJUGAISON.

On appelle *conjugaison* le phénomène par lequel deux (ou plus de deux) individus unicellulaires fusionnent leurs protoplasmes, temporairement ou d'une manière définitive.

Il en résulte une sorte de rajeunissement ayant pour conséquence le partage du protoplasme *en spores*, qui donneront naissance chacune à un individu nouveau.

(a). Fusion temporaire. — Elle s'observe chez les *Infusoires*, sauf les *Vorticellides*. Les *Acinètes* se conjuguent par un point quelconque de leur corps ; les *Paramécies* s'accolent par le cytostome.

Soit le *Paramæcium aurelia* (fig. 13) : quand deux individus A, A′ se sont mis en contact par leurs faces cytostomales, ils se soudent intimement et perdent leurs cils sur ces faces. Leurs *noyaux* ou *macronucléus*, n, n₁, se gonflent, s'allongent et s'enroulent en pelotons qui se segmentent ; les fragments qui en résultent disparaissent. Le rôle des noyaux est terminé ; celui des *nucléoles* ou *micronucléus*, n′ et n′₁, est plus important. Dans chacun des conjoints, le nucléole subit trois bipartitions successives d'où résultent 8 *nucléolules ;* mais six d'entre eux sont résorbés, et l'un des deux qui persistent passe dans l'individu conjoint, jouant ainsi le rôle de *corpuscule mâle.* Après l'échange réciproque des corpuscules mâles chez les individus conjugués,

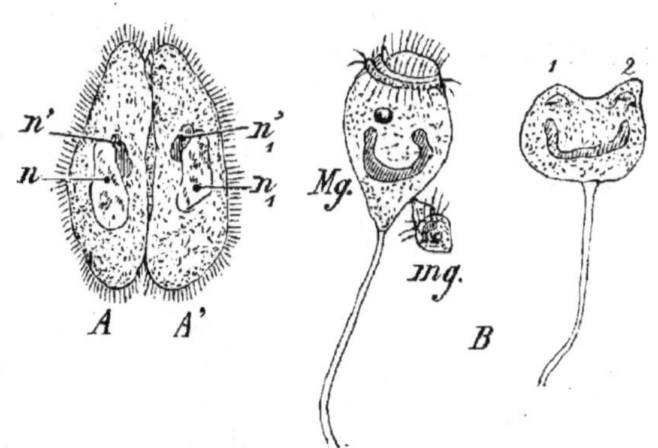

FIG. 13. — *Conjugaison :* Fusion *temporaire* de deux *Paramécies*, A et A′ ; n, n₁, macronucléus ; n′, n′₁, micronucléus. — Fusion *permanente* de deux *Vorticelles*, B, à gauche : l'un des individus fusionnés (microgonidie, *mg*, libre) est plus petit que l'autre (macrogonidie, *Mg*, fixée).

A droite, multiplication d'une Vorticelle par bourgeonnement.

chaque corpuscule émigré se fusionne avec le nucléolule qui est demeuré en place (*corpuscule femelle*).

Le nucléole mixte, résultant de cette fusion, se divise en 4 parties dont 2 deviennent des macronucléus, tandis que les deux autres se dédoublent en formant 4 micronucléus. Les individus conjugués se séparent à cet instant et renferment chacun 2 macronucléus et 4 micronucléus ; ils se divisent en deux par scissiparité, de telle sorte que chacune des moitiés contient un noyau et deux nucléoles.

b). **Fusion permanente**. — Deux individus qui fusionnent définitivement leur substance sont *identiques* (Grégarines), ou bien ils *diffèrent* (Vorticelles).

Les Grégarines subissent un fractionnement multiple, comme nous l'avons vu (page 13) ; ce phénomène n'a lieu, le plus souvent, qu'après la conjugaison des deux êtres qui s'accouplent bout à bout suivant leur grand axe, se contractent et s'entourent d'une enveloppe commune (fig. 14, 1) ; leurs protoplasmes fusionnés donnent lieu à une foule de petites masses arrondies (2) d'où proviendront les sporanges, *b* (fig. 5). Ceux-ci sont mis en liberté par rupture du kyste en certains points, ainsi qu'il a été dit précédemment.

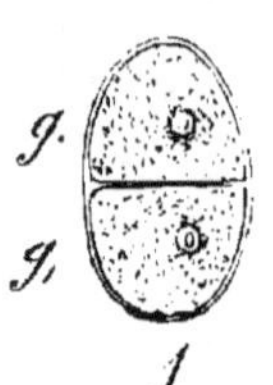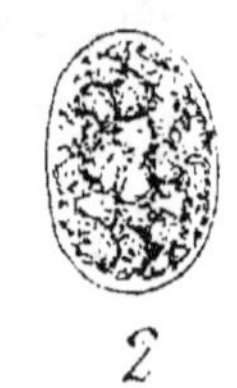

Fig. 14. — Conjugaison : 1. Fusion permanente de deux *Grégarines*. *g.g*₁. — 2. les masses protoplasmiques conjuguées se résolvent en pseudonavicelles.

Les *Vorticelles* se multiplient asexuellement, et d'une manière rapide, par scissiparité longitudinale (fig. 13, B, à droite) ; il en résulte souvent des individus plus petits nageant librement dans l'eau (*microgonidies*) et des individus plus gros (*macrogonidies*) parfois fixés au moyen d'un pédoncule. Une microgonidie libre, *mg* (fig. 13, B, à gauche), s'unit latéralement à une macrogonidie fixée, *Mg*, et se fusionne complètement avec elle.

La puissance reproductrice de cet être nouveau est considérable.

§ 2. — **REPRODUCTION SEXUELLE PROPREMENT DITE**.

La *reproduction sexuelle proprement dite* s'observe le plus ordinairement dans le groupe des Métazoaires (animaux pluricellulaires à trois feuillets).

Elle consiste dans la fusion de deux cellules spécifiques (**ovule** ♀ et **spermatozoïde** ♂), produites par la même glande (êtres *hermaphrodites* [1]), ou par des glandes distinctes que portent deux individus différents (*êtres unisexués*). Dans ce dernier cas, les ovules sont sécrétés par l'*ovaire*, glande sexuelle dont la femelle est pourvue ; les spermatozoïdes sont élaborés par le *testicule*, glande sexuelle du mâle.

L'œuf est le résultat de la *fécondation* d'un ovule par un spermatozoïde. Cet œuf se développe en un seul organisme pluricellulaire.

Au premier abord, il semble qu'il y ait une différence profonde entre la conjugaison des Protozoaires et la reproduction sexuelle proprement dite des Métazoaires. La conjugaison est suivie de la fragmentation de l'être formé en *un grand nombre* d'organismes nouveaux ; la reproduction sexuelle a pour effet la production d'*un seul* organisme nouveau. Mais cette différence n'est qu'apparente, car le Métazoaire pluricellulaire est l'équivalent des nombreuses cellules, libres ou associées en colonies, qui résultent de la fragmentation du Protozoaire primitif.

La reproduction sexuelle dérive en réalité de la conjugaison.

I. — **POSITION RELATIVE DES GLANDES SEXUELLES**

DESCRIPTION DE QUELQUES TYPES

1° Animaux hermaphrodites. — La position relative des ovaires et des testicules est très variée chez les individus hermaphrodites :

(a). *Les éléments sexuels (spermatozoïdes et ovules) prennent naissance en des points très voisins.* — Chez la plupart des Cténophores (*Bolina*), les capuchons dans lesquels se développent les produits sexuels sont contenus *dans les mêmes canaux gastrovasculaires*, les capuchons mâles d'un côté, les capuchons femelles de l'autre. *Ovules et spermatozoïdes peuvent s'y rencontrer.* Comme l'individu peut, *à lui seul*, se reproduire en fécondant ses ovules par ses propres spermatozoïdes, on dit qu'il est doué d'un *hermaphrodisme suffisant*.

---

1. L'hermaphrodisme se rencontre dans tous les embranchements : chez les animaux qui vivent isolés (Ténia, Douve), qui sont sédentaires (Bryozoaires, Huître, Tuniciers), ou qui se meuvent très lentement (Escargot, Sangsue, Lombric ou Ver de terre).

L'Escargot (*Helix pomatia*) possède une *glande hermaphrodite, g.h*
(fig. 15, A), dans chacun des follicules (B) de laquelle prennent
naissance à la fois des ovules, *ov*, et des spermatozoïdes, *sp*.

Les deux sortes de produits sexuels s'engagent dans un même
canal hermaphrodite, *c.h*; mais, au niveau de la *glande albumi-*

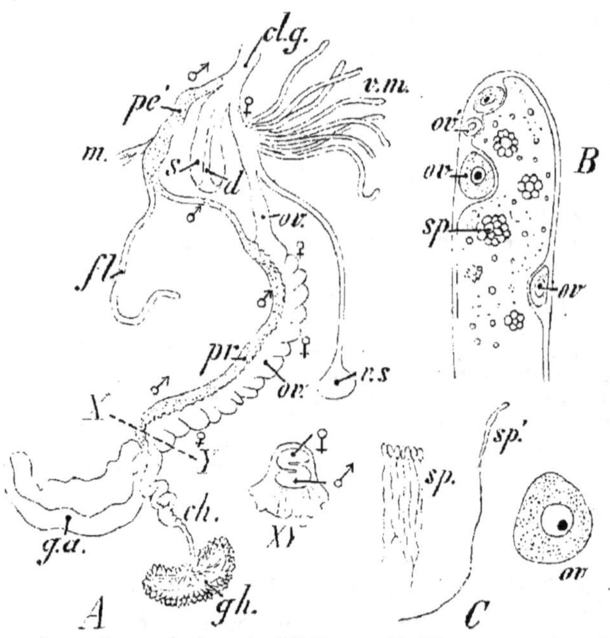

Fig. 15. — Appareil reproducteur de l'*Helix pomatia* (Escargot). — A : *g.h.*, glande
hermaphrodite ; *c.h*, canal hermaphrodite ; *g.a*, glande de l'albumine ; le canal *c.h*, bifurqué,
se continue par la prostate *pr* et l'oviducte *ov* ; *pé*. gaine du pénis ; *m*, son muscle rétrac-
teur ; *fl*. flagellum ; *s*. sac du dard *d* ; *v.s*, vésicule séminale ; *v.m*. glandes mucipares ; *cl.g*.
cloaque génital. — XY, coupe montrant la disposition relative des conduits mâle et femelle
(figure un peu schématisée). — B, cul-de-sac fort grossi de la glande hermaphrodite ;
sp. spermatoblastes ; *ov*, ovules. — C, *sp*, groupe de spermatozoïdes encore groupés par la
tête ; *sp'*. un spermatozoïde libre ; *ov*, ovule libre.

noïde, g.a, le canal se bifurque ; les ovules s'engagent dans
l'*oviducte, ov* (coupe XY, ♀), et les spermatozoïdes pénètrent dans
une sorte de *canal déférent* imparfait, rigole plissée avec un ruban
glandulaire frangé appelé *prostate, pr* (coupe XY, ♂).

L'accouplement est nécessaire chez l'Escargot dont l'*hermaphro-*
disme est insuffisant ; la fécondation y est réciproque et les deux
individus réunis jouent simultanément le rôle de mâle et de
femelle.

(*h*). *Les éléments sexuels prennent naissance dans des glandes*
distinctes. — L'*Hydre* (fig. 16) présente en automne, et quelquefois

en hiver, des testicules et des ovaires *distincts, dépourvus de canaux excréteurs* et développés aux dépens de l'ectoderme.

Les testicules, *t, t'*, apparaissent à peu de distance de la base des tentacules; ils consistent dans la prolifération de cellules ectodermiques (*spermatoblastes*) qui se transforment en nombreux zoospermes, à tête globuleuse, réfringente, suivie d'une longue queue. Les zoospermes mûrs s'échappent au sommet du testicule, *t*, qui ressemble alors à une verrue.

Les ovaires, *ov, ov'*, qui apparaissent au-dessous des testicules, vers le milieu du corps, sont constitués par un amas de cellules (ayant pour origine un *ovoblaste*) dont l'une, centrale, prend plus de développement, ressemble à une grande Amibe à pseudopodes lobés, puis se transforme en un ovoïde saillant : tel est l'ovule, *ov*, qui sera fécondé par les zoospermes du même individu (*hermaphrodisme suffisant*).

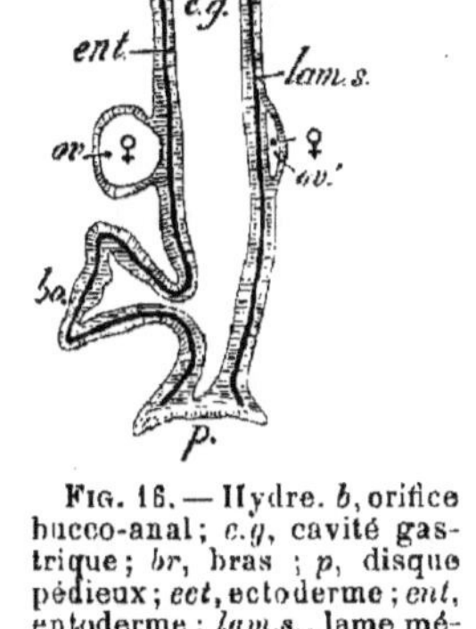

FIG. 16. — Hydre. *b*, orifice bucco-anal; *c.g*, cavité gastrique; *br*, bras ; *p*, disque pédieux; *ect*, ectoderme; *ent*, entoderme ; *lam.s.*, lame mésodermique ; *bo*, bourgeon. *t, t'*, testicules, et *ov, ov'*, ovaires à divers états de développement.

Chez le Ténia et la Douve, les organes sexuels mâle et femelle sont *séparés* et *pourvus de canaux excréteurs débouchant dans un cloaque commun ;* mais il y a accouplement des organes sexuels de deux anneaux différents chez le Ténia.

Chez la Sangsue (*Hirudo medicinalis,* fig. 17), les ovaires, *ov* (A et C), et les testicules, t_1 à t_{10}, sont *séparés* et *pourvus de canaux excréteurs avec des orifices distincts, o'.v* et *o.t* (D). Ces canaux excréteurs sont : l'oviducte, *c. ov* (C) pour les ovaires, les canaux déférents, *c. d* (A) pour les testicules. Ici, comme chez l'Escargot, l'accouplement de deux individus est nécessaire (*hermaphrodisme insuffisant*).

2° Animaux unisexués. — Si l'on imagine que, chez un individu, les testicules prennent un développement considérable avec atrophie simultanée des ovaires, ou réciproquement, l'être envisagé deviendra *unisexué : mâle* dans le 1er cas, *femelle* dans le second.

Chez l'embryon des animaux supérieurs (unisexués d'ailleurs), *une même glande sexuelle primitive, d'origine mésodermique, évolue dans l'un ou l'autre sens*, en donnant un testicule (mâle) ou un ovaire (femelle).

L'étude du développement de l'appareil génito-urinaire va

nous permettre de comprendre les homologies de ces organes sexuels.

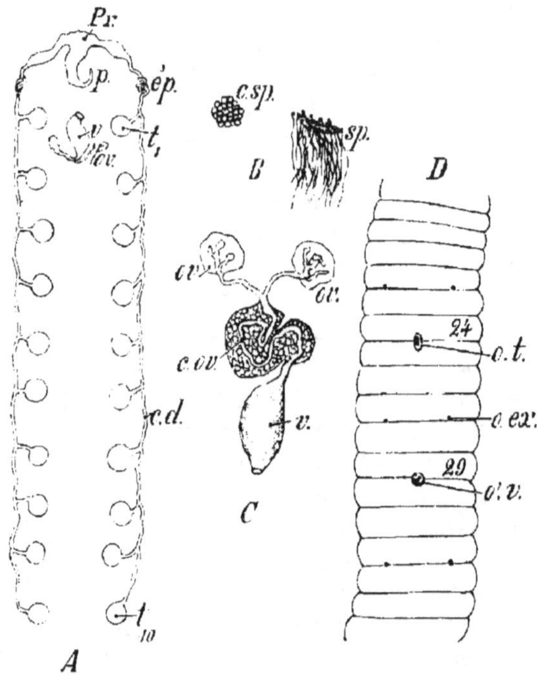

Fig. 17. — *Hirudo medicinalis* (Sangsue). A, Appareil reproducteur; t_1 à t_{10}, testicules: *c.d.* canal déférent commun; *ép*, épididyme; *Pr*, prostate; *p*, pénis; *ov*, ovaires; *v*, vagin. — B, *c.sp*, cellules spermatiques; *sp*, bouquet de spermatozoïdes développés. — C, appareil génital femelle grossi (mêmes lettres qu'en A). — D, position des orifices génitaux mâle (*o.t*) et femelle (*o'.v*) sur la face ventrale du corps; le pénis peut faire saillie entre le 24e et le 25e anneau: le vagin s'ouvre entre le 29e et le 30e; *o.ex*, orifices des néphridies (organes excréteurs).

Nos connaissances sur ce sujet sont dues, en grande partie, à de remarquables travaux de Wolff, Waldeyer, Müller et de M. Mathias Duval sur l'embryon du Poulet et d'autres Animaux vertébrés.

II. — ORIGINE DE L'APPAREIL GÉNITO-URINAIRE.
DÉVELOPPEMENT.

L'embryon du Poulet, comme celui du Lapin (tome Ier, p. 15), renferme, au bout de quelques heures, trois feuillets appelés, de dehors en dedans : l'ectoderme, le mésoderme et l'entoderme.

De l'ectoderme, *ect* (fig. 18) dérivent l'épiderme et le système nerveux, *m.ép* (moelle épinière sur la figure); l'entoderme, *ent*, forme l'intestin, *Int*. Le mésoderme, *més*, indivis dans le plan de symétrie du corps où il constitue la notochorde *not* et les prévertèbres *pr*, se partage en deux feuillets : l'un externe ou *somatopleure, f.so*, l'autre interne ou *splanchnopleure, f.spl*, circonscrivant la cavité générale ou cavité pleuro-péritonéale, *c.gé*.

Dans la région commune aux deux feuillets, au fond de la cavité pleuro-péritonéale, se trouve le **germe uro-génital** de Waldeyer *u.g*, d'où dérivent les appareils urinaire et génital.

1° *Évolution de l'appareil urinaire.* — Dans le germe uro-génital se forme le **pronéphros** ou **rein précurseur**, constitué par un canal excréteur (*canal de Wolff*) établi sur un bourgeon de la région inférieure de l'intestin, *b.ug* (fig. 19).

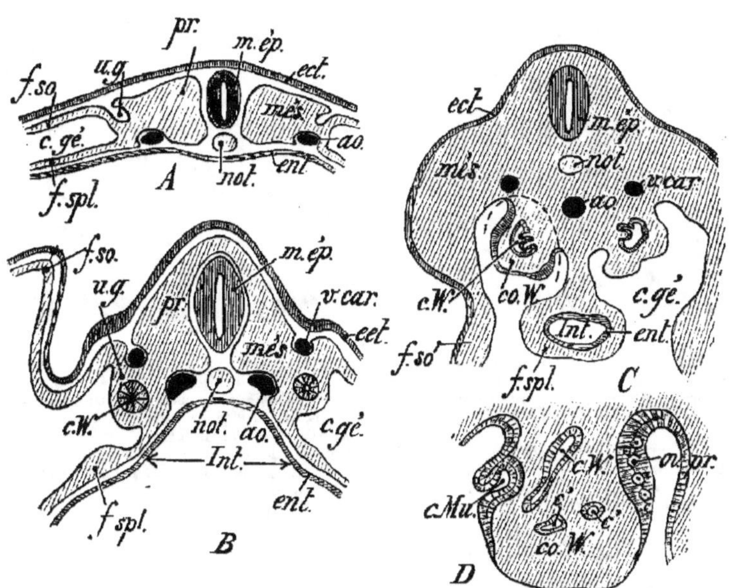

Fig. 18. — Origine de l'appareil génito-urinaire (Embryon du Poulet). — A (2ᵉ jour) ; *ect*, ectoderme ; *més*, mésoderme ; *ent*, entoderme ; *m.ép*. moelle épinière ; *not*, notochorde ; *f.so*, somatopleure ; *f.spl*, splanchnopleure ; *c.gé*, cavité générale ; *ao*, aorte ; *ug*, *région du germe uro-génital* où va apparaître le canal de Wolff. — B (fin du 3ᵉ jour) ; *c. W*, canal de Wolff ; *v.car*, veine cardinale. [À ce stade, les replis amniotiques commencent à se dessiner, ainsi que le montre la figure à gauche et en haut ; l'intestin, *Int*, se forme aux dépens de l'entoderme.] — C (début du 5ᵉ jour). *co.W*, corps de Wolff. [Les deux troncs aortiques latéraux se sont confondus en une aorte commune et médiane ; l'intestin, *Int*, constitue un tube fermé sur la section.] — D, Corps de Wolff, *co.W*, au 5ᵉ jour de l'incubation. *c.W*, canal de Wolff ; *c, c'*, canaux secondaires ; *c.Mu*, canal de Müller ; *or. pr*, ovules primordiaux formés dans l'épithélium germinatif.

Le canal de Wolff est ramifié en un petit nombre de canalicules ; ces petits canaux, terminés par des pavillons vibratiles ou *néphrostomes* (fig. 20, C), s'ouvrent, d'autre part, dans la cavité générale.

Le pronéphros disparaît peu à peu, sauf le canal de Wolff, *c.W*. (fig. 18, B) qui persiste seul et sert de canal excréteur au **mésonéphros** (*rein primitif* ou *corps de Wolff*, *co.W*, fig. 18, C), organisé dès le 4ᵉ jour dans l'embryon du Poulet. Les canalicules de ce nouvel appareil excréteur s'ouvrent encore par des néphrostomes dans la cavité générale *nép* (fig. 20, B) et sont pourvus, en outre, de *capsules de Bowmann*, *gl*, où pénètrent déjà des pelotons vasculaires (*glomérules de Malpighi*)[1].

---

[1]. Voir l'étude des Reins, *Histoire naturelle des êtres vivants*, t. Iᵉʳ, p. 165.

Le mésonéphros, qui demeure *en partie* comme appareil urinaire pendant

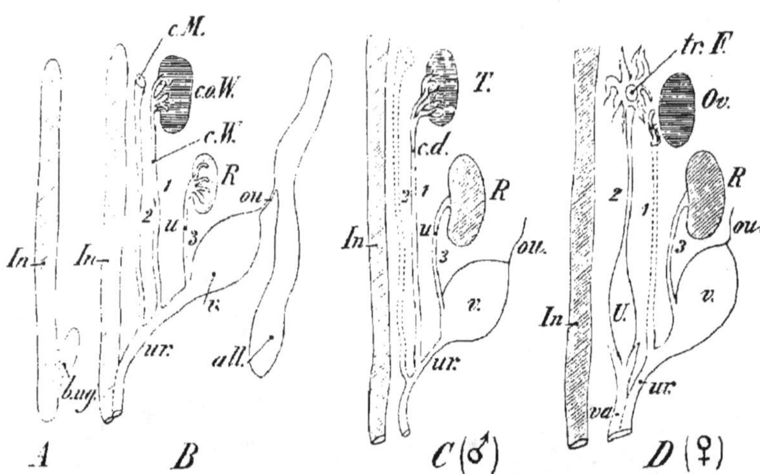

Fig. 19. — Représentation schématique du développement de l'appareil génito-urinaire. — A, Intestin, *In* et bourgeon uro-génital, *b.ug*. — B, *co.W*, corps de Wolff ou *mésonéphros*; *c.W*, canal de Wolff apparu d'abord (1); *c.M*, canal de Müller, de développement plus tardif (2); *u*, uretère apparu plus tard encore (3) ainsi que le rein définitif ou *métanéphros*, *R*. Le bourgeon uro-génital a produit l'urèthre, *ur*. dilaté en vessie, *v*; la vessie est en rapport avec l'allantoïde, *all*, par l'ouraque, *ou*. — C (♂). Transformation de la glande sexuelle primitive en testicule *T*; le canal de Wolff (1) devient le canal déférent, *c.d.*; le canal de Müller (2) s'atrophie. — D (♀). Évolution de la glande sexuelle primitive suivant le type ovaire, *Ov*; le canal de Müller (2) devient la trompe de Fallope, *tr.F*, et son canal qui aboutit à l'utérus, *U*; *va*, vagin; le canal de Wolff (1) s'atrophie.

toute la vie chez les Anamniens (Poissons, Amphibiens), s'atrophiera en partie

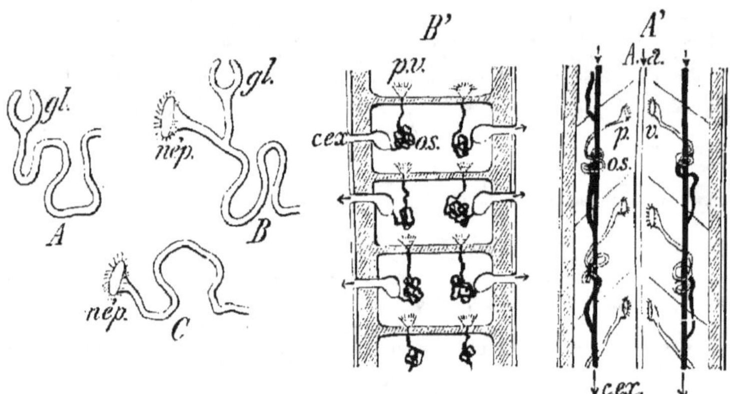

Fig. 20. — Organes excréteurs. Terminaisons du tube urinaire : chez les Vertébrés supérieurs, A; chez la Grenouille, B; chez l'embryon du Squale et les Vers, C; *gl*, glomérule; *nép*, néphrostome ou pavillon cilié. — A', appareil excréteur de l'embryon du Squale; *p.r*, pavillon cilié de l'organe segmentaire, *o.s*; *c.ex*, canal excréteur commun. B', appareil excréteur des Vers.

(région inférieure) dans la seconde moitié de la vie fœtale chez les Amniens

(Reptiles, Oiseaux, Mammifères). Ceux-ci possèdent un nouvel appareil excréteur, le **métanéphros** ou *rein définitif*, R (fig. 19, B).

Le métanéphros résulte d'un bourgeonnement du sinus uro-génital devenu *l'urèthre*, à l'endroit où ce canal s'épanouit en une *vessie, v*, prolongée par l'*ouraque, ou;* l'ouraque donne accès dans l'*allantoïde, all.*

La partie supérieure et persistante du corps de Wolff subit des transformations importantes qui en font une *glande génitale proprement dite.*

2° *Évolution de l'appareil génital.* — Dans

le germe uro-génital, *u.g* (fig. 18, A) se forme un sillon longitudinal, le *canal de Wolff*, *c.W* (fig. 18 et 19, B) qui se déplace au 3ᵉ jour (embryon du Poulet) vers la partie centrale du germe; celui-ci prend une grande extension, fait fortement saillie dans la cavité générale : c'est le **corps de Wolff**, *co.W*(C), sillonné des canalicules signalés précédemment.

Le corps de Wolff (fig. 18, D) est toujours tapissé d'un épithélium à grandes cellules cylindriques (*épithélium germinatif*). Au 5ᵉ jour de l'incubation, chez l'embryon du Poulet, cet épithélium se creuse, sur la face externe, d'une gouttière bientôt transformée en un canal complet; c'est le *canal de Müller, c.Mu*, dépourvu de ramifications, toujours ouvert à la partie supérieure (*c.M*, fig. 19, B); ce canal est une sorte de bourgeon du sinus uro-génital sur lequel il est inséré.

Sur la face interne du corps de Wolff s'organise la **glande sexuelle primitive**; on voit apparaître, en effet, dans l'épithélium germinatif, des cellules sphériques avec noyau et nucléole très visibles; ces cellules sont

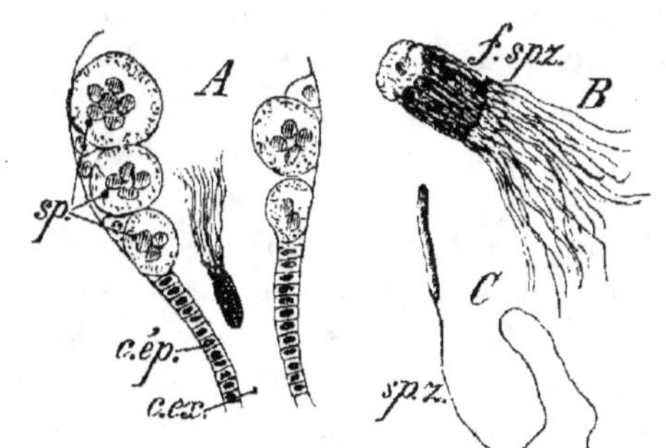

Fig. 21. — Fragment de la glande sexuelle primitive. *ep.ger*, épithélium germinatif; *ov*, ovoblaste; *t.Pfl*, tube de Pflüger. — En bas et à gauche, vésicule de Graaf en formation : *v*, vaisseaux sanguins et lymphatiques périphériques; *m.gr*, membrane granuleuse; *c.fo*, cavité du follicule; *d.pr*, disque prolifère. — *ov'*, Ovule; *vit*, vitellus; *m.vit*, zone pellucide; *v.ger*, vésicule de Purkinje.

Fig. 22. — A, tube séminipare de la Grenouille, en mars; *c.ép*, cellules épithéliales; *c.ex*, canal excréteur; *sp*, spermatoblastes. Dans la cavité du tube est un faisceau de spermatozoïdes, grossi en B. — C, spermatozoïde libre.

les *ovules primordiaux, ov. pr* (fig. 18, D) et *ov* (fig. 21), qui se multiplient et s'enfoncent dans le mésoderme.

Les ovules primordiaux occupent le fond de cordons cellulaires dus à la

germination de l'épithélium, *ep.ger*, et appelés *tubes de Pflüger*, *t.Pfl*.
*Telle est la glande sexuelle primitive qui peut évoluer suivant deux sens
et devenir un testicule ou un ovaire.*

1° Si la glande sexuelle se transforme en *testicule*, *T* (fig. 19, C), les ovules
primordiaux s'atrophient, les tubes de Pflüger deviennent les canalicules séminifères dont la paroi (fig. 22, A) forme des *spermatoblastes*, *sp* (origine des
spermatozoïdes, *sp.z.*). Ces canalicules entrent en relation avec le canal de Wolff
désormais appelé *canal déférent*, *c.d* (fig. 19). Le canal de Müller (2) s'atrophie.
Le canal déférent s'ouvre dans le sinus uro-génital devenu l'*urèthre*, *ur*, qui se
continue par la vessie *v*.

2° Quand la glande sexuelle primitive évolue selon le type *ovaire*, les tubes de
Pflüger. *t.Pfl* (fig. 21), s'étranglent et forment des chapelets irréguliers dont chaque
grain renferme un *ovoblaste* (*ovisac* ou *vésicule de Graaf*) pourvu d'un *ovule*, *ov*.
Les ovules sont indépendants les uns des autres.

Le corps de Wolff est ainsi devenu l'ovaire, *ov* (fig. 19, D). Le canal de Wolff (1)
s'est atrophié, tandis que le canal de Müller (2) a formé la *trompe de Fallope*, *tr.F* (fig. 19) et *tr* (fig. 25), puis son canal, *c*, qui s'est élargi en un *utérus*,
ut, et un *vagin*, *va*, indépendants de l'urèthre. (Dans la cavité utérine s'ouvrent les
canaux des 2 trompes.)

III. — APPAREIL GÉNITAL DE L'HOMME.
TESTICULE ET SPERMATOZOIDE.

Testicule. — Les testicules sont deux glandes, préalablement
logées dans la cavité abdominale en *T* (fig. 23), qui émigrent en *T*
dans un sac appelé *bourse* ou *scrotum*, *bo*, extérieur au bassin. Un
grand nombre de canalicules, 1000 environ, très contournés,
forment ces glandes, à la face postérieure desquelles ils aboutissent
dans les canaux excréteurs composant l'*épididyme*, *E*, *E'*. A l'épididyme fait suite un canal déférent, *c.d*, pour chaque testicule ;
ce canal, en communication avec une *vésicule séminale*, *v.s.*,
débouche dans l'urèthre, *ur*, qui traverse lui-même le *pénis*, *Pé* et
le *gland*.

Les canalicules séminifères ont une membrane propre, composée
d'une tunique fibreuse externe et de 2 à 3 couches de cellules
internes ayant un diamètre de 100 µ. Ces dernières renferment des
granulations amylacées, grasses, etc... englobées dans une masse
pâle ; les plus internes (*spermatoblastes*) s'allongent vers la lumière
centrale du canal séminifère, et donnent chacune un groupe, une
touffe de jeunes cellules qui deviennent autant de *spermatozoïdes*,
f.spz (fig. 22, B).

Les spermatozoïdes sont réunis d'abord par une substance granuleuse qui disparaît peu à peu, en les mettant en liberté dans un
liquide épais, filant, appelé *sperme* ou *matière séminale*.

Spermatozoïde. — *Le spermatozoïde est la cellule mâle* dans
la reproduction. Les spermatozoïdes de l'Homme (fig. 24) sont de

petites cellules longues de 50 μ. ayant une tête, t (5 μ) et une queue q, renflée au début, qui leur permet des mouvements de progression, la tête en avant. Ces mouvements sont rapides dans le sperme et les solutions alcalines faibles, fort atténués dans un liquide *très faiblement* acide. Les solutions fortement acides tuent en un instant les spermatozoïdes. Le maximum de vitalité des spermatozoïdes a lieu à la température de 40°.

Les spermatozoïdes de la Grenouille, $sp.$ (fig. 22, C), ont une tête cylindrique allongée comme ceux de l'Escargot, sp' (fig. 16, C); chez la Torpille, la tête est également allongée et ondulée. Les zoosper-

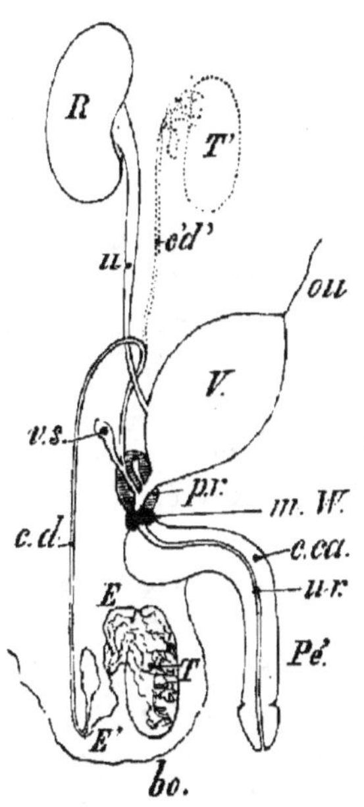

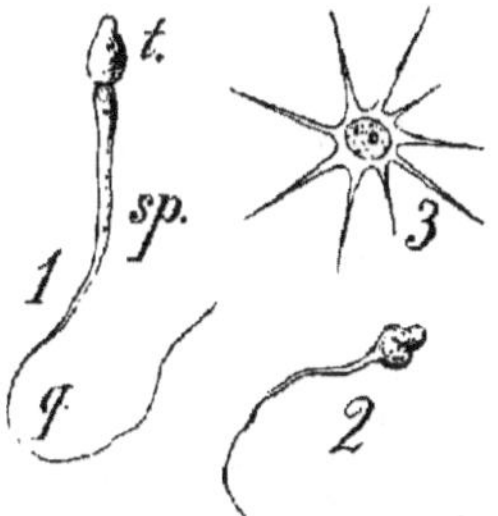

FIG. 23. — Appareil génito-urinaire de l'Homme, schématisé en partie. *R*, rein; *u*, uretère; *V*, vessie; *ur*, urèthre. — *T*, testicule; *E*, épididyme; *E'*, queue de l'épididyme; *c.d*, canal déférent [*T'*,*c'd'*, testicule et canal déférent avant leur descente dans la bourse, *bo*]; *v.s*, vésicule séminale; *pr*, prostate; *m. W*, muscle de Wilson contracté et oblitérant le canal éjaculateur. *ur*; *c.ca*, corps caverneux du pénis ou verge. *Pé*.

FIG. 24. — Spermatozoïdes. 1, Homme: *t*, tête; *q*, queue. — 2, Méduse. — 3, Crabe.

mes des Méduses ont une tête renflée; chez certains animaux, ils ont plusieurs flagellums: ceux du Crapaud en possèdent deux; ceux du Crabe et de l'Écrevisse sont étoilés.

Les spermatozoïdes résistent à la putréfaction; *les acides sulfurique, azotique et acétique ne les dissolvent pas complètement* (caractère permettant de les reconnaître en médecine légale).

Sperme ou **Matière séminale**. — Ce liquide est formé du produit des testicules auquel s'ajoutent, au moment de l'émission (éjaculation), le produit des vésicules séminales, *v.s* (fig. 23), le fluide des *glandes prostatiques*, *pr*, et des glandes de Cooper.

La matière séminale a une composition complexe; on y remarque des îlots blancs riches en spermatozoïdes, nageant dans un liquide filant et clair. Sa saveur est légèrement salée et alcaline, grâce au fluide prostatique qui contient des phosphates et sulfates de potassium et de calcium ; la *mucine* et la *spermatine* en sont les matières albuminoïdes principales.

La composition du sperme est très variable.

L'analyse de la *laitance* des *Poissons osseux* a donné pour 100 : eau, 76 ; matières albuminoïdes, 19,3 ; lécithine, 0,95 ; cérébrine, 0,2 ; cholestérine, 0,16 ; corps gras, 2 ; matières extractives et sels, 1,4.

IV. — APPAREIL GÉNITAL DE LA FEMME.
OVAIRE ET OVULE.

Ovaire. — Les ovaires, au nombre de deux en général, sont des glandes de la forme et de la grosseur d'une amande verte, symétriques, placées à la partie inférieure de la cavité abdominale et recouvertes par le péritoine. De couleur blanchâtre, à surface lisse et unie dans le jeune âge, les ovaires se couvrent de cicatrices et prennent un aspect crevassé, à partir de l'âge de la puberté.

Chaque cicatrice résulte de la déchirure d'un ovisac suivie de la chute d'un ovule. Ainsi que nous l'avons vu précédemment, l'épithélium germinatif qui recouvre l'ovaire y pénètre en constituant les tubes de Pflüger, divisés en autant de grains qu'il s'y était formé d'*ovoblastes*, *ov* (fig. 21).

Chacune des cavités closes ayant pour origine un ovoblaste s'appelle *vésicule de Graaf* ou *ovisac* ; elle émettra tôt ou tard un *ovule*. On trouve plus de 300 000 ovisacs dans un ovaire normal ; ils y sont contenus dans la *couche corticale* qui enveloppe une *substance médullaire* et vasculaire très développée.

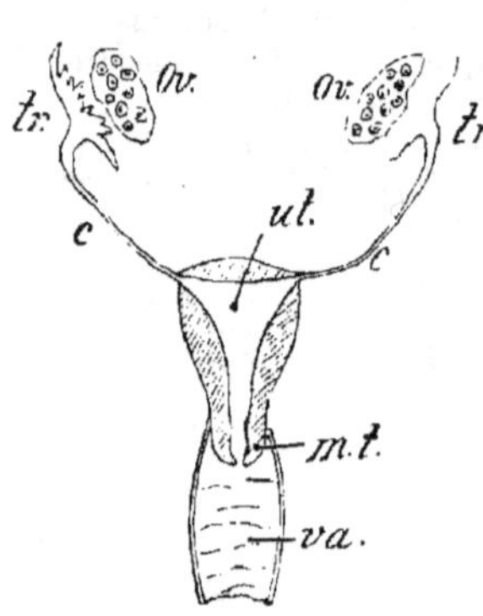

FIG. 25. — Appareil génital de la Femme. *ov*, ovaire : *tr*, trompe de Fallope et son canal. *c ; ut*, utérus ; *m.t*, museau de tanche ; *va*, vagin.

Canaux excréteurs. — Au voisinage des ovaires sont disposés les *pavillons des trompes de Fallope*, *tr* (fig. 25), dont les canaux ou *oviductes*, *c*, de plus en plus étroits, parviennent aux cornes de l'*utérus*, *ut*.

La paroi des trompes est formée de fibres musculaires lisses recouvertes extérieurement par le péritoine ; elle est tapissée intérieurement d'un épithélium simple, cylindrique et vibratile. Grâce à leur contractilité et à celle des ligaments qui les maintiennent, les trompes peuvent disposer leur pavillon devant l'ovaire, pour recevoir les ovules mis en liberté.

L'*utérus* est une cavité résultant de la soudure des deux trompes.

A l'état de vacuité, il a la forme d'un entonnoir dont le bec (*museau de tanche, mt,* fig. 25) est engagé dans le *vagin, va.*

La paroi de l'utérus est très épaisse (5 à 17 millimètres, suivant les points considérés); fortement musculaire, elle est recouverte incomplètement par le péritoine et tapissée intérieurement d'une muqueuse. Cette muqueuse est pourvue d'un épithélium cylindrique vibratile abondant, qui éprouve des *mues périodiques* et peut former d'*importantes végétations* (voir page 35).

Le *vagin* est un conduit musculo-membraneux s'étendant de l'utérus à la *vulve* extérieure. C'est l'organe de *copulation* de la Femme, destiné à recevoir le pénis ou organe érectile mâle.

Vésicule de Graaf. — Nous avons vu que la substance corticale de l'ovaire renferme un grand nombre d'ovisacs (vésicules de Graaf) dus à la pénétration de l'épithélium germinatif dans le tissu conjonctif sous-jacent (fig. 21).

Parmi les cellules qui composent l'un quelcon-

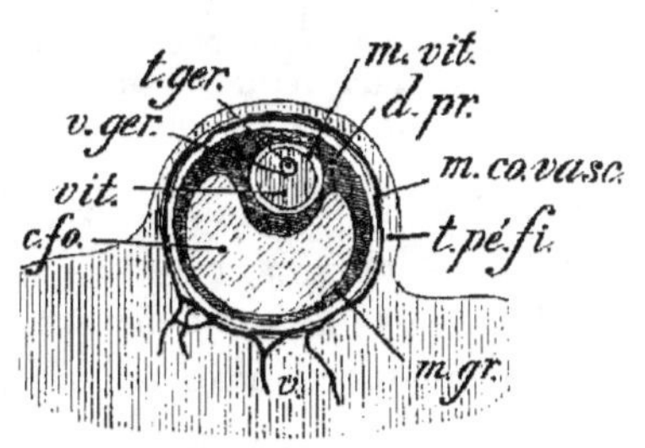

Fig. 26. — Vésicule de Graaf. *t.pé.fi,* tunique péritonéale et fibreuse de l'ovaire ; *m.co. vasc,* membrane conjonctive et vasculaire ; *m.gr,* membrane granuleuse de la vésicule ; *d.pr,* disque proligère ; *c.fo,* cavité du follicule ; *m.vit,* zone pellucide de l'ovule ; *v.ger,* vésicule germinative ou de Purkinje ; *t.ger,* tache germinative ou de Wagner.

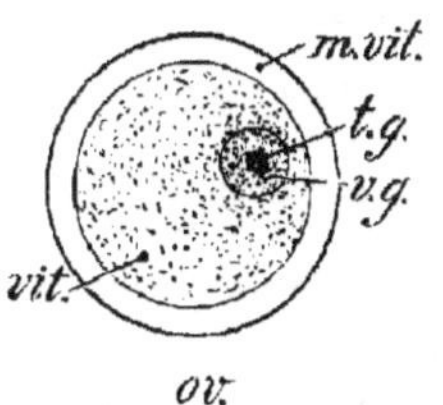

Fig. 27. — Ovule. Mêmes désignations que pour la figure 26.

que des bourgeons, *ov,* l'une d'elles (*ovule*) se développe davantage et demeure unique, tandis que les autres se multiplient en formant une couche cellulaire épaisse et sphérique dite *membrane granuleuse, m.gr.* Cette dernière s'épaissit davantage autour de l'ovule, constitue le *disque proligère, d.pr* (fig. 21 et 26), saillant dans une cavité remplie de liquide albuminoïde et dite *cavité de la vésicule, c.fo.*

Ovule. — *L'ovule est la cellule femelle* dans la reproduction. Il atteint 100 à 200 µ de diamètre. On y distingue une masse protoplasmique, le *vitellus, vit* (fig. 27), puis un noyau ou *vésicule de Purkinje, v.ger;* dans ce noyau est contenu un nucléole dit *tache de Wagner, t.ger.* Le disque proligère forme tardivement, autour de l'ovule, une membrane d'enveloppe appelée *zone pellucide, m.vit.*

Le vitellus se compose de 2 parties : 1° le *vitellus formateur* servant à constituer l'embryon; 2° le *vitellus nutritif* ou *deuto-*

plasme, composé de granulations grises ou jaunes (graisses) employées à la nutrition de l'embryon.

Quand le vitellus nutritif, peu abondant, est réparti uniformément dans le vitellus formateur, l'ovule est dit **alécithe** (certaines Éponges, des Méduses, Échinodermes, *Amphioxus*). — L'ovule est **centrolécithe**, quand le vitellus nutritif est disposé au centre du vitellus formateur, lequel est tout entier à la périphérie (certains Arthropodes). — L'ovule est dit **télolécithe**, quand les vitellus formateur et nutritif occupent respectivement les deux pôles de l'œuf (Mollusques, Vers, Vertébrés).

La membrane vitelline est épaisse, amorphe, transparente ; elle présente une certaine résistance.

Chez les Poissons, dont l'ovule se rapproche de celui des Oiseaux (Poissons osseux surtout), la membrane vitelline, percée de fins canalicules, porte souvent un *micropyle*, disposé en face de la tache germinative, destiné à livrer passage au spermatozoïde fécondateur lorsque l'enveloppe de l'ovule forme une véritable coque résistante (cette coque n'est pas toutefois comparable à la coquille de l'œuf des Oiseaux).

Expulsion de l'ovule. — Les ovules, ainsi que les ovisacs qui les renferment, n'arrivent à maturité, chez la Femme, que *les uns après les autres* (quelquefois deux ensemble), *à des intervalles assez réguliers*, d'un mois environ (époques menstruelles), et seulement *à partir de l'âge de la puberté*.

La *menstruation est liée intimement*, en effet, *au phénomène de l'ovulation;* elle est due à la mue périodique de l'épithélium utérin qui met à nu de petits vaisseaux sanguins ; ceux-ci se rompent et déterminent une hémorragie plus ou moins abondante.

L'ovisac se gonfle quand l'ovule est mûr : le contenu de sa cavité, *c.fo* (fig. 26), augmente dans des proportions telles que la vésicule presse fortement contre la paroi ovarienne en y déterminant une saillie très accusée. La turgescence des vaisseaux ramifiés dans la substance médullaire (*bulbe*) de l'ovaire, jointe à la pression de l'ovisac et à l'arrêt de nutrition de la paroi ovarienne comprimée, détermine la rupture de cette dernière.

L'ovisac rompu abandonne l'ovule au milieu des débris du disque proligère ; puis il se cicatrise, en formant sur l'ovaire une tache appelée *corps jaune*.

L'ovule expulsé est recueilli par le pavillon de la trompe de Fallope, pourvu de cils vibratiles; le mouvement ciliaire fait émigrer l'ovule le long de l'oviducte jusque dans l'utérus. S'il a été fécondé pendant ce trajet, l'ovule demeure dans l'utérus; sinon, il est entraîné au dehors avec les produits de la menstruation.

V. — MATURATION DE L'OVULE. — FÉCONDATION.

1° **Maturation** : *Naissance des globules polaires.* — L'ovule, (fig. 28, I), mis en liberté par la rupture d'un ovisac, a perdu sa limpidité ; son noyau (vésicule germinative) s'est allongé en un fuseau nucléaire appelé *amphiaster, aa'* (II), qui s'est porté vers un point de la surface (pôle supérieur de l'œuf). L'un des pôles de l'amphiaster soulève une petite quantité de protoplasme de l'ovule, en formant une sorte de bourgeon qui s'étrangle à sa base et devient totalement indépendant du vitellus : c'est le premier *globule polaire* formé, 1.*gl.p* (III) ; il contient le pôle ou *aster* supérieur du fuseau.

L'amphiaster incomplet se reforme en un fuseau nouveau qui donne lieu à un autre bourgeon émis de même (IV). A la suite de l'expulsion des *deux globules polaires*, le reste de la vésicule germinative se condense en un petit noyau sphérique appelé *pronucléus femelle, pr.f* (V), qui gagne le centre du vitellus.

L'ovule est désormais incomplet et ne peut se développer davantage, s'il ne reçoit un appoint équivalant à la portion de noyau perdue; cet appoint peut être fourni par le spermatozoïde. De son côté, le spermatozoïde a subi l'élimination d'une partie de son noyau, de telle sorte que les *deux éléments sexuels ont tendance à s'unir pour se compléter mutuellement.*

C'est en cela que consiste la fécondation. Il importe de remarquer que l'émission des globules polaires est indépendante de ce phénomène [1].

2° **Fécondation**. — L'*accouplement* de deux individus de sexes différents a pour but d'amener les spermatozoïdes au contact de l'ovule mûr, afin d'en assurer la *fécondation.*

---

1. MM. Giard et Bütschli considèrent la sortie des globules polaires, non comme un rejet excrémentitiel, mais comme le résultat d'une division cellulaire indirecte. La seule différence avec la karyokinèse ordinaire consiste en ce que, dans la naissance des globules polaires, les deux produits de la division sont inégaux. Et même, pendant que se produit le 2ᵉ globule polaire, le 1ᵉʳ peut, par division, donner un globule polaire secondaire.

M. Giard part de ces faits pour considérer *la formation des globules polaires comme rappelant le stade Protozoaire dans l'évolution des Métazoaires (êtres pluricellulaires) :*

Tandis que le Protozoaire donne par fractionnement, comme nous l'avons vu précédemment, n cellules qui toutes se développent et donnent autant d'êtres unicellulaires nouveaux et indépendants, l'ovule du Métazoaire produit n cellules virtuellement équivalentes dont la concurrence vitale condamne $n-1$ à l'avortement.

Cet avortement de quelques-unes des cellules groupées en un même point a été observé dans le cas des œufs de *Buccin*, provenant d'une même ponte et renfermés dans une même coque ; jamais la totalité de ces œufs ne se développe.

Chez les Amphibiens anoures et la plupart des Poissons osseux, la fécondation

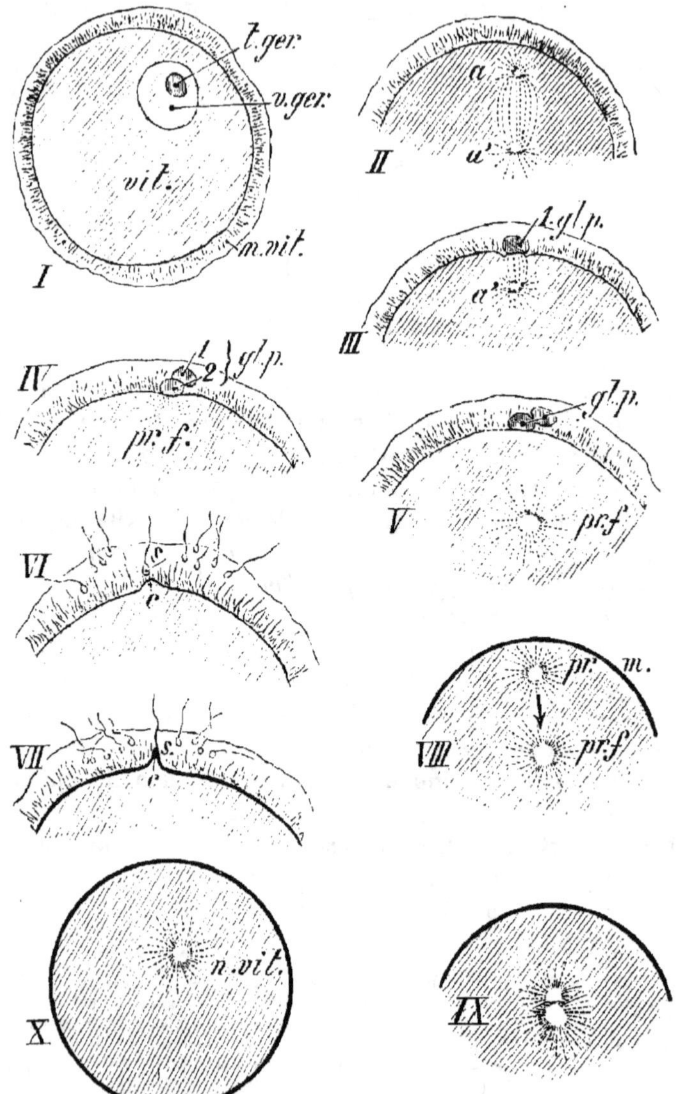

Fig. 28. — Naissance des globules polaires et fécondation de l'ovule. — I ; ovule libre. —
II ; la vésicule de Purkinje s'allonge en fuseau ou *amphiaster*, *aa'*. — III ; naissance du
premier globule polaire, *1.gl.p.* — IV ; les globules polaires sont formés, le reste du noyau
constitue le *pronucléus femelle*, *pr.f.* qui s'éloigne de la surface de l'ovule en V. — VI ;
arrivée des spermatozoïdes dans la zone pellucide ; soulèvement du protoplasme de l'ovule
en *c*, au voisinage du spermatozoïde le plus proche, *s*. — VII ; la tête du spermatozoïde, *s*, est
incluse en *c* ; formation immédiate de la *membrane vitelline*, *m.vit.* — VIII ; *pr.m*, pronucléus
mâle allant à la rencontre du pronucléus femelle, *pr.f.* — IX, fusion des pronucléus. —
X, noyau vitellin, *n.vit.*

est *externe :* à mesure que la femelle pond des ovules dans l'eau, le mâle émet le sperme qui sert à les féconder.

Chez les Mammifères, la fécondation est dite *interne*, par suite de l'introduction du pénis du mâle dans le vagin de la femelle, avec éjaculation de liqueur séminale. Parmi les spermatozoïdes ainsi abandonnés dans le vagin, un certain nombre seulement pénètrent, par le jeu de leur flagellum, jusque dans l'utérus (*matrice*) où ils risquent de rencontrer ordinairement l'ovule ; car *les cellules spermatiques sont en grand nombre, elles évoluent en tous sens*, et quelques-unes d'entre elles trouveront sûrement l'ovule avec lequel l'*une seulement* se confondra.

Dès que les spermatozoïdes ont rencontré l'ovule, une fois engagés dans la zone pellucide, ils y sont prisonniers (VI) et ne peuvent qu'y pénétrer davantage, tête en avant. Toutefois, l'un d'entre eux est toujours plus avancé que les autres ; sa présence au voisinage du vitellus provoque un soulèvement du protoplasme de l'ovule (*cône d'attraction*, *c*, VI) qui atteint la *tête* du spermatozoïde et l'englobe (VII). Aussitôt le cône protoplasmique et sa capture (sauf la queue du spermatozoïde qui demeure dans la membrane mucilagineuse) entrent dans le vitellus qui est immédiatement enveloppé d'une *membrane à contours très nets ;* cette membrane est bien distincte de la zone pellucide et s'oppose à la pénétration d'autres zoospermes.

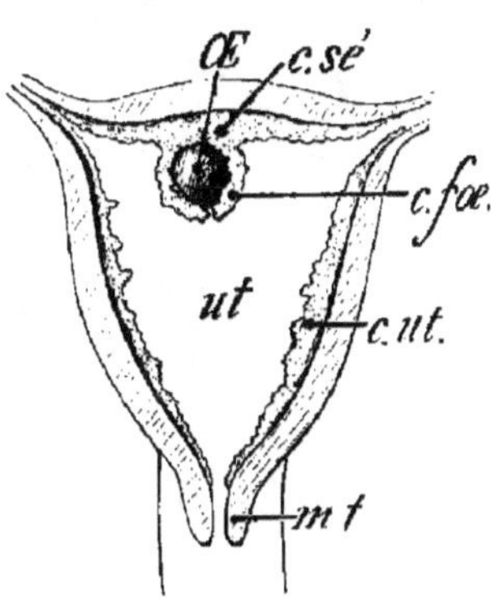

Fig. 29. — Formation de la caduque dans l'utérus, *ut.* — *Œ*, œuf ; *c.ut.* caduque utérine ; *c.sé*, caduque sérotine ; *c.fœ*, caduque fœtale ; *m.t*, museau de tanche.

Le spermatozoïde capturé forme, dans la masse vitelline, une petite tache claire centrale, avec des granulations : c'est l'*aster* ou *pronucléus mâle*, *pr.m* (VIII), qui se porte à la rencontre du pronucléus femelle, *pr.f*, et se confond avec lui (IX). Il en résulte un noyau complet appelé *noyau vitellin*, *noyau de segmentation*, *n.vit* (X).

L'ovule est devenu un **œuf.**

Le développement de cet œuf va produire un être semblable aux parents qui ont fourni les deux cellules spécifiques dont il procède.

Formation de la caduque. — Chez la Femme et certains Mammifères, la muqueuse utérine, douée d'une activité et d'une turgescence particulières coïncidant avec la fécondation de l'ovule, produit d'énormes villosités entre lesquelles est logé l'œuf, *Œ* (fig. 29). Celui-ci est bientôt complètement enveloppé par les végétations de la muqueuse qui reçoit le nom de *caduque*. On appelle :

caduque utérine, *c.ut.* toute la muqueuse qui tapisse l'utérus ;

caduque oculaire ou *fœtale*, *c.fœ*, la partie qui enveloppe l'œuf ;

caduque sérotine ou *placentaire*, *c.sé*, la partie commune aux deux premières, c'est-à-dire la portion de muqueuse sur laquelle repose l'œuf.

Œuf des Oiseaux. — L'œuf des Oiseaux paraît différer beaucoup de l'ovule décrit précédemment. Tel qu'il est pondu, c'est effectivement un *œuf*, car il a été fécondé avant que s'y soient ajoutées les parties accessoires qui l'enveloppent (albumen, membranes et coquille).

L'œuf des Oiseaux comprend, de l'intérieur à l'extérieur, les parties suivantes :

1° Un *vitellus blanc*, *vit.bl.* (fig.30) ou vitellus formateur, qui embrasse le *vitellus jaune vit.j.* ou vitellus nutritif. Le vitellus blanc forme, en un point de sa surface,

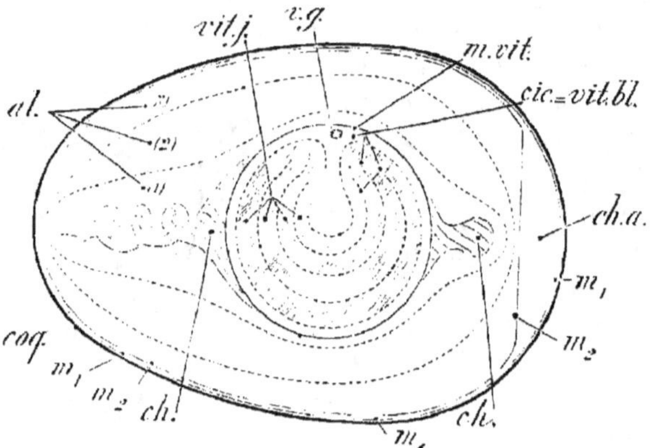

Fig. 30. — Œuf des Oiseaux. *coq.* coquille ; *m₁, m₂*, membrane coquillière à deux feuillets ; *ch.a.* chambre à air ; *al.* albumen ; *ch.* chalazes ; *vit.j.* vitellus jaune ; *vit. bl.* vitellus blanc formant la cicatricule, *cic* et la *latebra* ; *v.g.* noyau vitellin.

un épaississement lenticulaire, appelé *cicatricule*, *cic* (disque proligère), qui se prolonge en forme de battant de cloche (*latebra*) au centre du vitellus jaune. La cicatricule entoure la *vésicule germinative de Purkinje*, *v.g.*, déjà modifiée par la pénétration d'un spermatozoïde (comme nous l'avons vu plus haut).

2° Le *vitellus jaune*, *vit.j.*, est constitué par une masse de cellules avec ou sans noyau, pourvues de matières grasses, de granulations caséeuses, de pigments colorés, etc. Il provient de la nutrition de l'ovule.

3° La *membrane vitelline*, *m.vit.*

Ces trois parties correspondent aux vitellus formateur et nutritif et à la membrane de l'ovule (fig. 25), sauf la modification qu'a éprouvée la vésicule germinative par la fécondation.

4° Trois couches d'*albumen* ou *blanc*, *al* (1), (2), (3) comprennent une substance protéique plus dense au centre qu'à la périphérie.

5° Une *membrane coquillière* à 2 feuillets, *m₁, m₂*, s'applique étroitement par son feuillet externe, *m₁*, contre la coquille, *coq* : le feuillet interne, *m₂*, supporte deux ligaments glaireux (*chalazes, ch*) qui maintiennent la masse centrale de l'œuf jaune au milieu de l'albumen. Vers le gros bout de l'œuf, les deux feuillets de la membrane coquillière circonscrivent la *chambre à air*, *ch.a*, pleine d'un gaz comprenant pour 100 : 23,5 d'oxygène, des traces d'acide carbonique et 76 environ d'azote.

6° La *coquille, coq.*, est une substance organique sulfurée (kératine), imprégnée de sels calcaires et parfois de pigments (coquille colorée ou tachetée).

Composition de la coquille d'œuf de Poule : Matière animale, 4,15 ; carbonate de calcium, 93,7 ; carbonate de magnésium, 1,39 ; phosphates de calcium et de magnésium, 0,76 ; eau, 1.

A partir du moment où l'œuf, récemment fécondé, s'engage dans l'oviducte, il s'entoure de l'albumen sécrété par la tunique de ce canal, puis la double membrane et la coquille y sont déposées sous forme d'un liquide lactescent, sécrété par la partie villeuse de l'oviducte. L'œuf ainsi complété est expulsé au dehors.

Composition centésimale du vitellus (jaune) de l'œuf de Poule :

	Avant l'incubation.	17 jours après l'incubation.
Eau	47,2	44,8
Vitelline et autres matières protéiques	15,6	13,9
Margarine et oléine	22,8	26,9
Cholestérine	1,75	1,46
Lécithine	10,72	10,68
Sels divers (KCl, NaCl, SO^4K^2 AzH^4Cl, phosphates de Ca et Mg, etc...)	0,97	1,34

Composition centésimale de l'albumen de Poule :

Eau	86,6
Matières albuminoïdes	12,6
Glucose	0,5
Graisses	traces.
Sels minéraux	0,6

Parthénogénèse.

Les ovules produits par un certain nombre d'Arthropodes et de Rotifères sont aptes à donner des êtres nouveaux *sans fécondation préalable :* en cela consiste la *parthénogénèse.* Ce phénomène est *obligatoire* dans quelques espèces et se répète dans une suite de générations (Pucerons, Cochenilles); quelquefois la parthénogénèse est *facultative* (Guêpes, Abeilles ouvrières).

Dans une ruche d'*Abeilles*, la reine pond des ovules non fécondés et des œufs (ovules fécondés) : les ovules donnent origine aux mâles; les œufs produisent des ouvrières ou des femelles, suivant la nature de l'aliment fourni aux larves et la grandeur des cellules où elles se développent.

Tout ovule non fécondé donne parthénogénétiquement des mâles chez les Abeilles et les Guêpes, et des femelles chez les Pucerons.

Peut-être, admet Balfour, les ovules qui se comportent ainsi n'ont-ils pas rejeté de globules polaires et sont-ils demeurés complets? En tout cas, les êtres qui naissent d'ovules non fécondés par un spermatozoïde sont incapables de produire des ovules au bout de quelques générations. La reproduction sexuelle normale s'impose donc pour rendre à l'espèce, menacée de disparition, une vigueur nouvelle.

Blochman a remarqué que, dans certains cas, un seul globule polaire est émis par l'ovule; le second, après s'être formé et *non séparé*, confond sa substance avec celle de l'ovule générateur. L'ovule est devenu un *œuf*, car il entre aussitôt en segmentation.

Hétérogénie. — Certains animaux peuvent produire des êtres notablement différents d'eux-mêmes, pour cause de parthénogénèse.

Le *Phylloxera*, par exemple, issu d'un *œuf d'hiver* au printemps, est une femelle aptère qui pond une multitude d'ovules (improprement appelés œufs); de ceux-ci proviennent *parthénogénétiquement* des *femelles aptères*, qui produisent d'autres femelles aptères, et ainsi de suite pendant tout l'été. Ces générations successives sont toutes parthénogénésiques, aptères et vivent sur les racines. Quelques-uns de ces animaux se transforment, par des mues plus nombreuses, en *femelles ailées* vivant sur les feuilles où elles pondent, à l'automne, des ovules de deux grosseurs : les petits donnent des individus *mâles;* les gros produisent des individus *femelles*. Mâles et femelles sont aptères et sans tube digestif; ils s'accouplent tout aussitôt et la femelle pond, sous l'écorce, un *seul* gros *œuf d'hiver* qui formera, l'année suivante, la souche de générations identiques.

Pædogénèse. — C'est le phénomène par lequel les larves de certains animaux sont déjà capables d'engendrer parthénogénétiquement d'autres larves (*Miastor*). La pædogénèse est l'exagération de la progénèse ou l'accélération embryogénique que nous envisagerons plus loin, compliquée de parthénogénèse.

VI. — SEGMENTATION DE L'ŒUF.

FORMATION DES FEUILLETS BLASTODERMIQUES.

On appelle *segmentation* la division qui s'opère dans l'œuf aussitôt après la fécondation et transforme cet être unicellulaire en un organisme pluricellulaire.

Or l'œuf est formé de deux parties se pénétrant réciproquement :

1° Une partie vivante (*protoplasme formateur, vitellus formateur* ou *plastique*);

2° Une partie inerte, nutritive (*vitellus nutritif* ou *deutoplasme*), appelée à nourrir les éléments que le protoplasma devra constituer[1].

Si le vitellus nutritif est minime, il ne trouble en rien l'évolution de l'œuf qui subit une *segmentation totale et régulière*, parce que les cellules qui en dérivent sont équivalentes entre elles.

Dans le cas où la partie nutritive est abondante, il y a séparation, pendant la segmentation, du protoplasme formateur qui constituera l'être en absorbant le vitellus inerte. La *segmentation est inégale dans ce cas; elle est d'autant plus rapide en un point que le vitellus formateur y est plus condensé*[2].

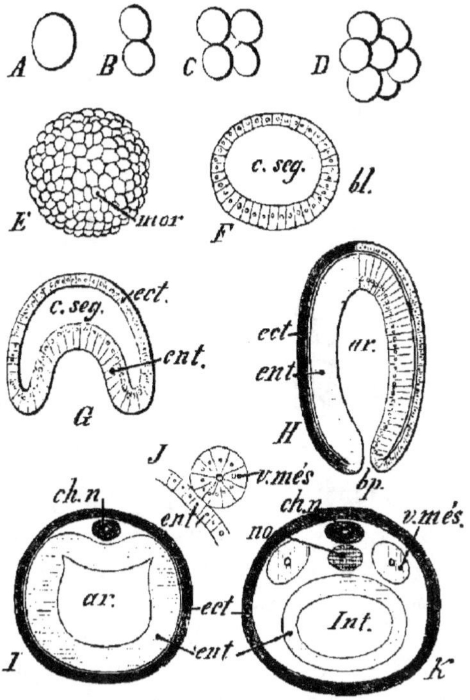

1° Œuf alécithe.

— *Gastrula par embolie.* — Les *œufs alécithes* [*Toxopneustes* (Oursin)`, *Amphioxus*]

Fig. 31. — Segmentation de l'œuf alécithe. — A, B,... E, *morula* aux stades 2, 4, 8,... 2ⁿ. — F, *blastula*; *c.seg*, cavité de segmentation. — G. H, *gastrula par embolie; ect*, ectoderme ; *ent*, entoderme. — I, K, stades ultérieurs. — J, origine entodermique du mésoderme représentée schématiquement.

fournissent le type le plus simple de segmentation, suivant le processus général de *karyokinèse*[3].

---

1. Le vitellus nutritif, adjoint à la partie fondamentale de l'ovule primitif, est dû à la fusion, au protoplasme ovulaire, du contenu d'un certain nombre de cellules ayant pour origine l'ovaire ou des organes glandulaires accessoires.

Chez les Insectes, les Crustacés, l'ovule primitif a ainsi absorbé (2^n-1) cellules. L'ovule des Turbellariés, des Cestodes et des Trématodes est pénétré d'une abondante matière nutritive fournie par une glande vitellogène (voir tome II, fascicule 2).

L'ovule des Mammifères est entouré d'une couche cellulaire spéciale, le *follicule*, à laquelle il emprunte une partie des matériaux indispensables à son évolution. L'ovule des Oiseaux est comparable à celui des Mammifères ; de plus, une fois cet ovule fécondé, l'œuf qui en résulte emprunte une substance nutritive supplémentaire, l'*albumen*, à des organes extra-ovariens.

2. La présence d'un vitellus nutritif abondant est donc une circonstance défavorable pour l'étude embryogénique d'un être ; elle modifie la marche normale de son évolution.

3. Voir *Multiplication cellulaire*, t. Iᵉʳ, p. 14.

L'œuf (fig. 31, A) se divise d'abord en 2 cellules égales suivant un plan (B), puis en 4 (C) par un deuxième plan perpendiculaire au premier, puis en 8 (D) par un troisième plan perpendiculaire aux deux autres. — 16, 32, 64, etc... cellules résultent de cette segmentation et constituent une masse sphérique ou ovoïde, parfois plane, qu'on peut appeler à tout instant *morula* (E), parce qu'elle est généralement comparable à une mûre.

On a la *morula* aux stades successifs, 2, 4, 8, 16, 32, etc. Entre les cellules ainsi groupées, dès le stade 4, il existe déjà une *cavité de segmentation*, c.s (fig. 32, A).

Quand la *morula* est parvenue au stade 2^n, les cellules se disposent en un plan unique (fig. 32, B); elles circonscrivent alors une cavité de segmentation d'autant plus vaste que n est plus grand. La nouvelle forme obtenue est une *blastula* (B).

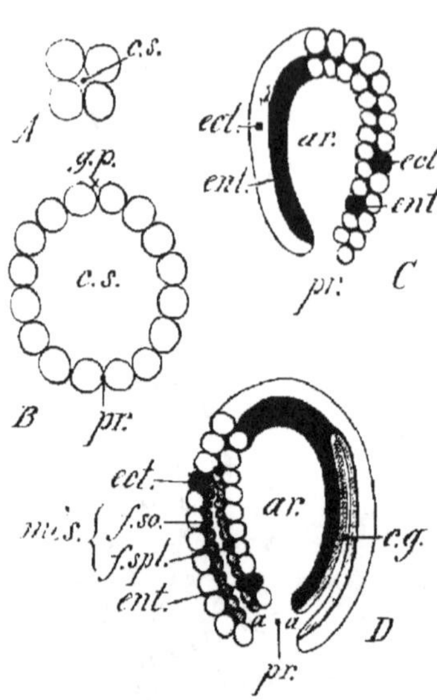

Fig. 32. — Segmentation de l'œuf alécithe — A. *morula*. — B, *blastula* ; *g.p*, point où les globules polaires ont pris naissance ; *pr*, prostome ; *c.s*, cavité de segmentation. — C. *gastrula par embolie*; *ect*, ectoderme : *ent*, entoderme ; *ar*, archentéron. — D, formation des diverticules mésodermiques. *mes*: *f.so*, somatopleure ; *f.spl*, splanchnopleure ; *c.g*, cavité générale.

Puis se produit une invagination en un point *pr* de la *blastula* diamétralement opposé à celui où les globules polaires, *g.p*, ont pris naissance. Une moitié de la *blastula* s'enfonce dans l'autre moitié, s'*invagine*, oblitère peu à peu la cavité de segmentation et forme un hémisphère à deux feuillets (fig. 32, C), qui s'allonge ordinairement, à mesure que se rétrécit son orifice en un pore étroit, *pr*. L'être nouveau est une *gastrula par embolie* (*gastrula invaginata* ou *archigastrula*). L'orifice de la gastrula s'appelle *prostome*, *pr;* le feuillet externe est l'*ectoderme*, *ect*, et le feuillet interne l'*entoderme*, *ent*.

Le prostome occupe l'extrémité postérieure de l'embryon et

fait communiquer avec l'extérieur la cavité de la gastrula (*archentéron, ar,* ou *intestin primitif*).

Apparait ensuite le *mésoderme*. A la limite *a, a* (D) des deux feuillets primitifs de la *gastrula*, se forment des diverticules par multiplication de cellules d'origine entodermique qui, logées entre l'ectoderme, *ect*, et l'entoderme, *ent*, constituent le feuillet moyen de la gastrula, ou *mésoderme, més*. Les éléments du mésoderme se disposent en deux lames : l'une, accolée à l'ectoderme, est la *somatopleure*, *f.so;* l'autre, tapissant l'entoderme, est la *splanchnopleure*, *f.spl*. La somatopleure et la splanchnopleure limitent la *cavité générale c.g* (*cœlome* ou *cavité pleuro-péritonéale*).

Le nom d'*entérocœle* est attribué à la cavité générale formée de cette manière chez les Oursins et l'*Amphioxus*.

2° Œuf télolécithe. — Le mode de segmentation de l'œuf diffère du précédent, lorsque les vitellus formateur et nutritif y sont inégalement répartis. Examinons quelques-uns des cas qui peuvent se présenter :

(a). Segmentation totale. — (α) *Gastrula par épibolie.* — Chez la Littorine (Mollusque gastéropode), la *Nereis* (Annélide), la segmentation de l'œuf produit deux sortes de cellules : les unes plus petites, formées presque exclusivement de protoplasme formateur, se multiplient rapidement ; les autres, plus grosses, riches en deutoplasme, se multiplient lentement. Les deux cellules primitives (fig. 33, A) en ont donné 4, puis 8 (B) ; les cellules plus petites, se dédoublant plus vite (C), forment un feuillet ectodermique, *ect* (D), enveloppant l'entoderme, *ent;* ce dernier est représenté par les grosses cellules.

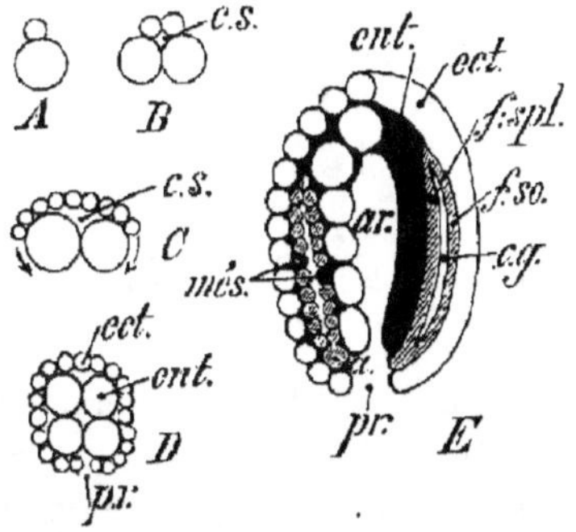

FIG. 33. — Segmentation de l'œuf télolécithe. — A, B, *morula* à cellules inégales ; — C, les petites cellules ectodermiques enveloppent peu à peu les grosses cellules entodermiques qui s'invaginent en quelque sorte dans la cavité formée par les premières. — D, *gastrula par épibolie.* E, stade plus avancé où les cellules mésodermiques *a* ont formé un feuillet, *més*, qui a déjà subi une délamination (mêmes lettres que pour la figure 32).

C'est là encore une *gastrula*, mais une *gastrula par épibolie* (*amphigastrula*) dont le prostome est en *pr* et la cavité archentérique excessivement réduite.

La formation du mésoderme, dans ce cas, a lieu de la manière suivante : Toujours à la limite des deux feuillets primitifs apparaissent, en *a* (E), des cellules granuleuses de dimension moyenne, qui se multiplient rapidement entre l'ectoderme et l'entoderme. Une *délamination* se produit dans cette masse cellulaire, séparant la somatopleure, *f.so*, de la splanchnopleure, *f.spl*. La cavité générale, *c.g*, ainsi formée, est un *schizocœle* différant de l'entérocœle seulement par une accélération dans son apparition.

(β) *Gastrula par délamination*. — La séparation des vitellus formateur et nutritif peut avoir lieu tardivement, alors que la *blastula* est déjà constituée. Chez les *Méduses Géryonides* où le fait se produit, le vitellus formateur se rend à la périphérie des cellules de la blastula (fig. 34, A) et le deutoplasme, du côté de la cavité de segmentation, *c.s.* Alors la segmentation se continue par l'apparition d'une cloison transversale. *cl*, qui divise chaque cellule *c* en une cellule ectodermique, *ect*, et une cellule entodermique, *ent*; les premières se multiplient plus rapidement que les autres : tel est le mode de formation de la *gastrula par délamination (gastrula delaminata)*.

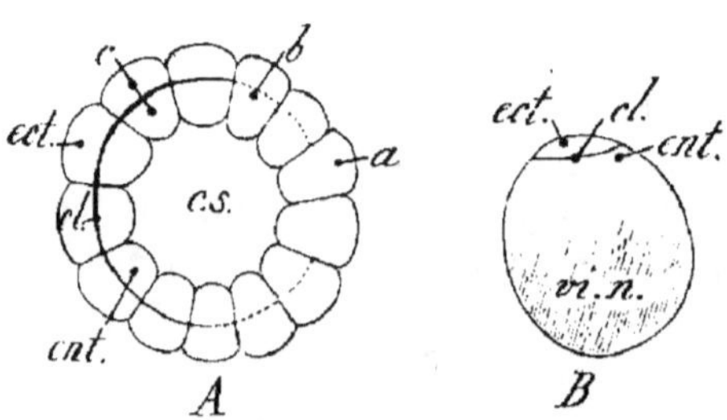

Fig. 34. — Segmentation de l'œuf télolécithe. En A. *blastula* dont les cellules subissent un cloisonnement *cl* par suite d'une répartition du vitellus en vitellus formateur du côté externe et en vitellus nutritif du côté interne. Formation d'une *gastrula par délamination*. — En B. le même phénomène se produit dans la cellule-œuf dès le début de la segmentation; formation d'une *discogastrula*.

(γ) *Porogastrula*. — L'œuf des *Hydroïdes* donne par segmentation une forme embryonnaire spéciale. la *parenchymula*.

Au début de la segmentation, s'est produite une *blastula* allongée, pourvue de *pores* intercellulaires qui facilitent les échanges entre la cavité de segmentation et l'eau ambiante. Puis, à l'un des pôles (prostome) se différencient quelques cellules, *véritables cellules entodermiques* (comme nous allons le voir), formant une surface plane et non invaginée. A ce stade, la *blastula* est devenue une *gastrula sans archentéron*, appelée aussi *porogastrula* à cause de ses pores latéraux. La multiplication de ces cellules spéciales donne lieu à des éléments nouveaux qui font saillie et tombent dans la cavité de segmentation; cette dernière est tôt ou tard comblée par un véritable parenchyme : d'où le nom de *parenchymula* attribué à la forme embryonnaire considérée.

Les cellules du parenchyme ne constituent pas un mésoderme à proprement parler ; leur ensemble, peu consistant, a reçu le nom de *mésoglée*.

(b). Segmentation partielle discoïdale. — *Discogastrula.* — Dans l'œuf des Oiseaux (fig. 30 et fig. 34, B), le vitellus formateur (vitellus blanc) est accumulé au niveau de la cicatricule ; le vitellus nutritif compose le reste du jaune de l'œuf, à l'exclusion presque totale du premier. La segmentation n'intéresse dès lors que le *disque germinatif*, *dis.ger* (fig. 35), sur lequel est réparti le vitellus formateur ; il se forme alors une *disco-morula*.

Dès que cet œuf entre en segmentation, la cicatricule ou *disque germinatif*, *dis.ger*, laisse apparaître un premier sillon, 1, 1 (A) qui l'intéresse seule, puis un second perpendiculaire au premier, 2, 2 (B), etc... Le protoplasme formateur est composé, au bout de quelques heures, d'une sorte de calotte superficielle (*vésicule blastodermique*), dont les cellules sont d'autant plus petites qu'elles avoisinent le centre du disque germinatif. Les cellules plus grandes, qui se forment progressivement à la périphérie de la calotte, tendent à envelopper le vitellus nutritif, *vit.nu* (D), destiné à nourrir le jeune Oiseau pendant tout son développement. La couche externe de la *vésicule blastodermique* ainsi constituée forme l'ectoderme, *ect* ; la couche profonde en est l'entoderme, *ent*, un peu plus tard étranglé (*ombilic*).

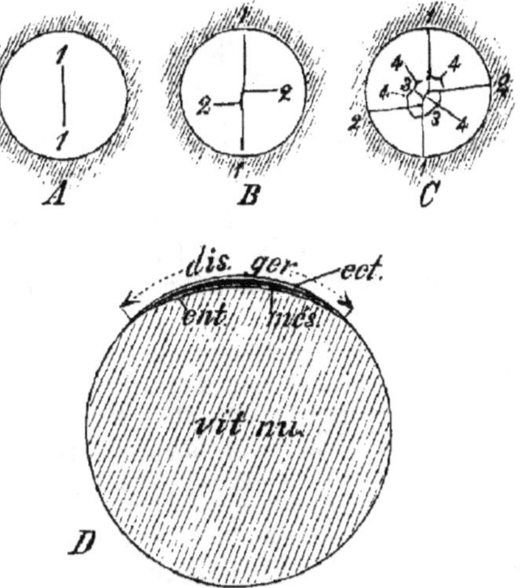

Fig. 35. — Segmentation partielle discoïdale de l'œuf de l'Oiseau. — A, un 1er sillon (1.1) apparaît sur le disque germinatif ou cicatricule. — B, apparition d'un 2e sillon perpendiculaire au 1er. — C, ordre d'apparition des sillons successifs. — D, coupe médiane de l'œuf à une période avancée de la segmentation, montrant l'étendue du disque germinatif et les 3 feuillets blastodermiques.

La *discomorula* s'est changée en *discogastrula*.

La partie comprise en deçà de l'ombilic dans le corps de l'embryon deviendra sa *cavité intestinale* ; la partie qui lui sera extérieure, remplie de vitellus nutritif, s'appellera *vésicule ombilicale*.

Le mésoderme, *més*, se développe entre les feuillets externe et interne du blastoderme.

3° Œuf centrolécithe. — *Périblastula.* — On trouve chez les Arthropodes cette sorte d'œuf dont le vitellus formateur occupe la périphérie. C'est donc à la périphérie de l'œuf que se produit la segmentation *régulière* (*Palæmon*, *Penæus*) ou *inégale* (Myriapodes, *Chondracanthus*); les sillons qui apparaissent à la surface ne se continuent pas jusqu'au centre de l'œuf occupé par le vitellus nutritif (fig. 36, A et B).

Il s'est formé une *périblastula*. Par suite de la multiplication cellulaire, se produit une invagination entodermique de peu d'étendue, comprise entre l'ectoderme et le vitellus. Le mésoderme est originaire des cellules invaginées.

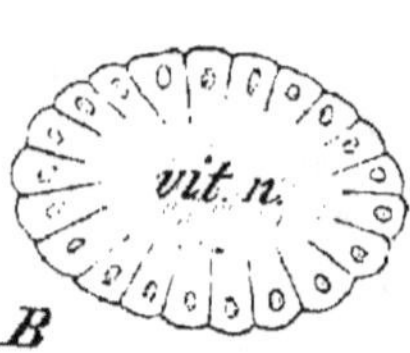

Fig. 36. — Segmentation de l'œuf centrolécithe. Formation d'une *périblastula*; les cloisons n'atteignent pas au centre de l'œuf occupé par le vitellus nutritif exclusivement. B, stade plus avancé que A.

En résumé, *les phases successives de la segmentation de l'œuf tendent à constituer des éléments anatomiques disposés en feuillets blastodermiques superposés, au nombre de 3,* chez la plupart des animaux : ceux que l'on désigne sous le nom de *Métazoaires*.

E. Van Beneden appelait *Mésozoaires* des parasites très inférieurs, les Dicyémides et les Orthonectides, chez lesquels on n'avait pas trouvé de mésoderme tout d'abord ; mais entre leurs feuillets externe et interne se trouve une *mésoglée*. Aujourd'hui, il n'existe aucune raison de conserver ce groupe des *Mésozoaires*.

Les *Protozoaires*, unicellulaires, ne sauraient avoir de feuillets blastodermiques.

Rôle des trois feuillets. — L'*ectoderme* comprend l'ensemble des cellules qui revêtent et *protègent* le corps, qui président en outre aux relations avec le milieu extérieur : l'*épiderme* en dérive ainsi que le *système nerveux* et les *organes des sens*, tout au moins pour une partie des tissus qui les composent.

L'*entoderme* constitue l'épithélium du *tube digestif* et des *glandes* qui y sont annexées.

Le *mésoderme* forme tous les tissus intermédiaires à la peau et à l'intestin (*tissus conjonctifs*, *tissu musculaire*, *sang*) qui président aux *mouvements*, aux *relations* et à la *nutrition intimes* des différentes parties du corps.

Aux trois feuillets correspondent donc trois catégories de fonctions communes à presque tous les animaux pluricellulaires ; la *diversité de ces fonctions*, qui s'accuse graduellement chez l'organisme nouveau, correspond à *la différenciation graduelle des éléments* qui le composent (voir tome Ier, p. 16).

VII. — DÉVELOPPEMENT DE L'EMBRYON.

Le *développement* comprend l'étude de la *formation des tissus* et de leur *groupement en organes*. L'œuf pourvu d'une faible quantité de vitellus nutritif (tel l'œuf des Mammifères) ne peut poursuivre son développement s'il ne reçoit, de l'extérieur, un supplément de nourriture. Ce supplément lui est fourni, chez les Mammifères en particulier, par la mère dans l'utérus de laquelle s'achève le développement qui est *de longue durée* (Animaux *vivipares*).

Quand l'œuf est gros par suite d'une accumulation abondante de vitellus nutritif, le développement de l'embryon a lieu, en général, en dehors du sein de la mère. Pondu dans l'eau à une époque où la température est assez élevée, il y subit son évolution (la plupart des animaux aquatiques) ; s'il est pondu dans l'air dont les variations de température sont trop brusques, la mère *couve* l'œuf pour s'opposer à ces variations (la plupart des Oiseaux), ou bien elle le confie au sable chaud du désert (Autruche), ou bien elle l'enfouit dans un amas de feuilles humides entrant rapidement en fermentation avec émission de chaleur (Talégalle de la Nouvelle-Hollande).

Les phases du développement étant très variables avec les espèces animales, nous étudierons de préférence, avec quelque détail, les phases successives du développement de **l'embryon humain**, que nous comparerons aux phases du développement des embryons des Vertébrés supérieurs.

Nous envisagerons successivement :

1° Les relations de l'embryon avec sa mère dans la cavité utérine ;

2° Les modifications éprouvées par l'embryon lui-même.

RELATIONS DE L'EMBRYON HUMAIN AVEC LA MÈRE.
SES ENVELOPPES SUCCESSIVES.

Premier Chorion. — L'œuf est ordinairement fécondé dans l'une des trompes de Fallope ; durant sa migration jusqu'au point de l'utérus où il va se fixer (*Œ*, fig. 29), il commence à se segmenter. Sa membrane vitelline, *Mem.vit* (fig. 37, A), se hérisse de nombreuses petites papilles ou *villosités non vasculaires*, *p* ; elle forme le *premier chorion* qui puise, *par endosmose et imbibition*, le liquide protéique sécrété par le canal de la trompe et la paroi utérine. Le vitellus en segmentation reçoit ainsi un premier supplément de matière nutritive qui en augmente notablement le volume.

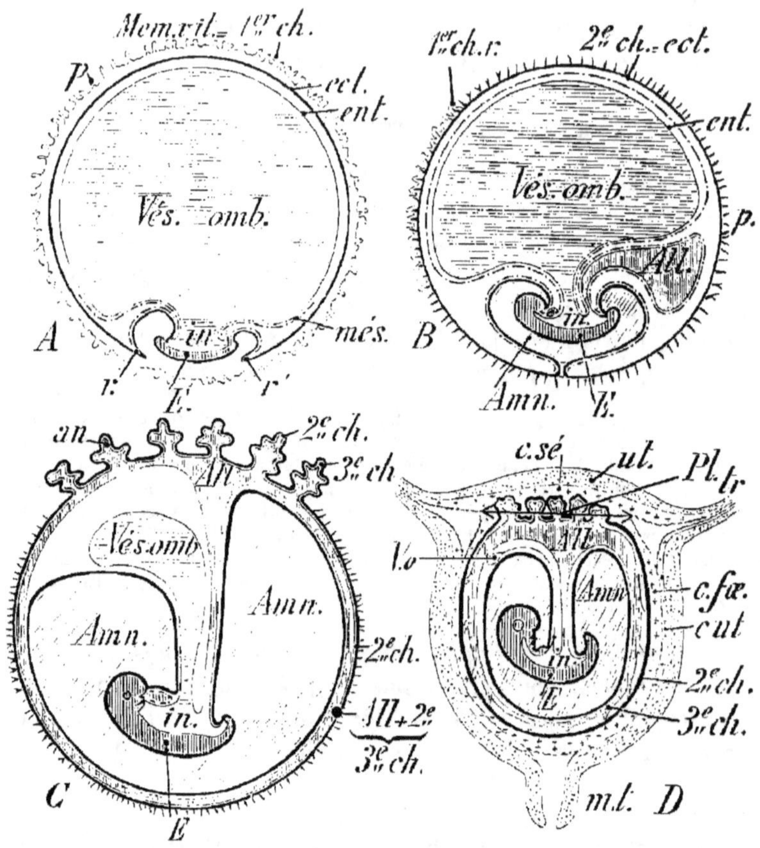

Fig. 37. — Développement de l'embryon humain. Ses enveloppes successives. — A ; E, embryon ; in. intestin ; Vés.omb, vésicule ombilicale. Mem.vit. membrane vitelline formant le 1er chorion avec ses villosités non vasculaires p.r, r', rebords du sillon ectodermique qui enveloppe peu à peu l'embryon. — B. l'embryon est entouré par l'amnios, Amn ; la vésicule ombilicale est plus réduite ; apparition de l'allantoïde, All ; 1er ch.r, 1er chorion petit à petit résorbé par le 2e chorion, 2e ch, d'origine ectodermique. — C, grand développement de l'amnios qu'entoure totalement l'allantoïde. All ; an, anses terminales et vasculaires de l'allantoïde résorbant le 2e chorion. — D, Embryon E, en place dans l'utérus maternel ut, où il se développe ; Pl, placenta ; c.sé. caduque sérotine ; c.fœ. c.ut. caduques fœtale et utérine confondues ; V.o. reste de la vésicule ombilicale ; 2e ch, 3e ch, 2e et 3e chorions ; m.t, museau de tanche ; tr. canal de la trompe de Fallope.

Fixé par la caduque utérine, l'œuf devient la vésicule blastodermique, composée de trois feuillets au pôle formatif seulement. Dans cette région se dessine le corps de *l'embryon*, *E* ; un sillon, qui en limite l'étendue, apparaît à la surface de l'ectoderme, *ect;* l'étranglement produit divise le contenu de l'entoderme en deux portions : la future *cavité intestinale in*, partie intégrante de l'embryon, et la *vésicule ombilicale*, *Vés.omb*, qui lui est extérieure.

La vésicule ombilicale renferme une réserve nutritive momentanée ; l'embryon y puise, pendant 4 semaines environ, à l'aide d'un premier système de vaisseaux sanguins (vaisseaux *omphalo-mésentériques*) où s'opère la *première circulation* ou *circulation ovulaire*. La vésicule s'atrophie à mesure (*Vés.omb*, B, C ; *V.o*, D).

Chez les Oiseaux et autres ovipares, où le vitellus nutritif est très abondant, le contenu de la vésicule n'est guère épuisé qu'à la fin du développement de l'embryon.

Amnios et **Deuxième chorion**. — Le sillon ectodermique mentionné précédemment s'accuse davantage ; les deux rebords *r, r'* (fig. 37, A) se rejoignent peu à peu (B), puis se confondent (C). L'embryon *E* est complètement entouré par une poche appelée *amnios*, *Amn*, d'origine ectodermique, doublée extérieurement d'une lame mésodermique (somatopleure).

L'*amnios* est rempli d'un liquide albumineux dans lequel est suspendu l'embryon en un point ventral (*ombilic*) par un *cordon ombilical* d'abord court, puis long et étroit ; ce cordon est traversé par les vaisseaux omphalo-mésentériques.

En même temps, la partie de l'ectoderme, *ect* (B), rendue indépendante de l'amnios, s'applique étroitement contre le *premier chorion* qu'elle résorbe (1ᵉʳ *ch.r*), se couvre également d'abondantes *villosités non vasculaires*, et constitue le *deuxième chorion* (2ᵉ *ch*). Cette membrane puise à son tour de la matière nutritive par endosmose dans les caduques fœtale et sérotine, mais surtout dans cette dernière où les villosités du 2ᵉ chorion sont très accentuées.

Allantoïde ou **3ᵉ chorion (Chorion vasculaire)**. — L'allantoïde *All* (fig. 37, B, C, D) est un *bourgeon creux* formé de très bonne heure par l'entoderme, à la partie postérieure et ventrale de la future cavité intestinale ; ce bourgeon croît d'abord entre la vésicule ombilicale et l'amnios (B) qu'il enveloppe ensuite (C), pour former une membrane étroitement appliquée contre la face interne du 2ᵉ chorion. L'allantoïde pénètre dans les villosités de ce dernier qu'elle résorbe ; elle y forme un fin *réseau vasculaire* dont les anses terminales, *v.v'fœ* (fig. 38), sont enveloppées par le réseau vasculaire de la mère, *v.mat*. Parmi ces anses vasculaires, les seules qui persistent sont embrassées par la caduque sérotine, *c.sé* (fig. 37, D) et forment le *placenta*, *Pl*.

On peut ainsi définir le placenta : *un organe intermédiaire entre la mère et l'embryon*.

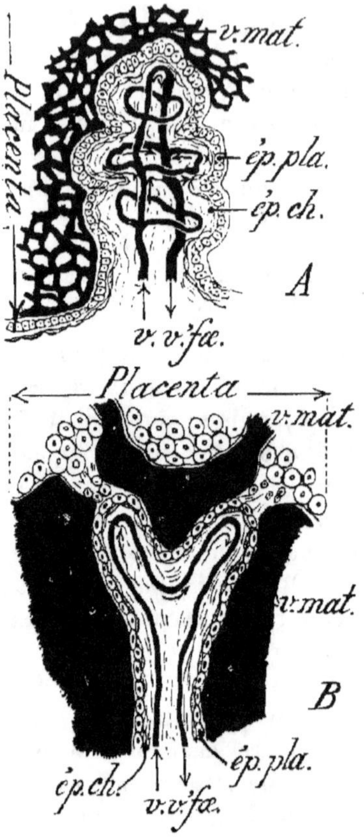

Désormais l'embryon se nourrit des principes nutritifs apportés par les vaisseaux maternels sur toute l'étendue du placenta ; ces principes sont recueillis, par endosmose, à travers les épithéliums *placentaire*, *ép.pla* et *chorial*, *ép.ch* (fig. 38), par les vaisseaux du fœtus, *v.v'fœ*.

Le canal allantoïdien se différencie postérieurement et devient le sinus uro-génital : il forme l'*uréthre*, *ur* (fig. 19, B) et s'épanouit en un réservoir appelé *vessie*, *v*, qui se continue par l'*ouraque*, *ou*.

Cette seconde circulation est dite *circulation placentaire*.

La cavité de l'utérus (fig. 37, D) est totalement occupée par l'embryon *E* et ses enveloppes ; la caduque utérine, *c.ut*, pressée contre la caduque fœtale, *c.fœ*, se confond avec elle.

On rencontre successivement, de l'extérieur à l'intérieur, pour parvenir à l'embryon : 1° la *caduque* (*c.ut*, *c.fœ*) ; 2° le *chorion* (2e *ch.* et 3e *ch.*) ; 3° l'*amnios* (*Amn*) rempli des eaux au milieu desquelles flotte l'embryon.

Fig. 38. — Anses terminales et vasculaires de l'allantoïde pénétrant dans le placenta maternel. — A, Porc. — B, Femme. *v.mat*, vaisseaux sanguins maternels ; *v.v'fœ*, vaisseaux sanguins du fœtus ; *ép.pla*, épithélium placentaire ; *ép.ch*, épithélium chorial.

Mammifères placentaires. Mammifères implacentaires. — Diverses sortes de placentas. — On ne rencontre de placenta que chez les Mammifères, et encore les Marsupiaux et les Monotrèmes en sont-ils dépourvus (*Implacentaires*).

Les Oiseaux ont un organe villeux, *placentoïde*, qui plonge dans l'albumine.

Les *Mammifères placentaires* se divisent en :
1° *Mammifères adécidués* ou *sans caduque*, ainsi appelés parce que les villosités de leur placenta sont faiblement adhérentes à la muqueuse utérine et s'en

détachent sans altération de cette dernière au moment de la délivrance : Porcins, Jumentés, Ruminants.

2° *Mammifères décidués* ou *avec caduque*, ainsi désignés parce que l'union des villosités placentaires avec la paroi de l'utérus est tellement intime que le placenta ne peut être expulsé sans altérer la muqueuse utérine dont une partie (*caduque*) est entraînée avec le *délivre*.

La *disposition du placenta* est variable avec les espèces animales considérées.

Mammifères
- adécidués.
  - *Placenta diffus :* villosités courtes, simples et nombreuses, régulièrement disposées sur tout le chorion (Périssodactyles, Porcins, Hippopotame, Lémuriens. Cétacés).
  - *Plac. cotylédonaire :* touffes de villosités (*cotylédons*) en certains points seulement du chorion (Ruminants).
- décidués..
  - *Placenta zonaire :* villosités sur une large zone circulaire autour de l'équateur du chorion (Carnivores, Proboscidiens).
  - *Placenta discoïde :* villosités sur un disque plus ou moins étendu (Homme, Singes, Cheiroptères, Insectivores, Rongeurs).

Vertébrés amniens ou allantoïdiens. Vertébrés anamniens ou anallantoïdiens. — L'amnios et l'allantoïde sont des membranes embryonnaires spéciales aux Mammifères, aux Oiseaux et aux Reptiles qu'on désigne, pour cette raison, sous le nom d'*amniens* ou *allantoïdiens.*

Les Amphibiens et les Poissons sont appelés, au contraire, *anamniens* ou *anallantoïdiens*, parce que dans l'œuf n'apparaît aucun repli de l'ectoderme propre à

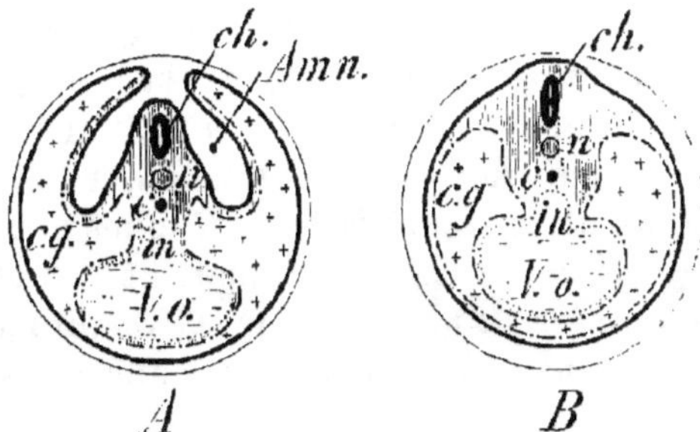

Fig. 39. — Schémas montrant la différence dans le développement de l'œuf d'un Amnien A et d'un Anamnien B. *Amn*, amnios ; *c.g*, cavité générale ; *V.o*, vésicule ombilicale ; *in*, intestin ; *c*, aorte ; *n*, notochorde ; *ch*, chaîne nerveuse.

former un amnios, non plus qu'un bourgeon allantoïdien. L'examen de la figure 39 suffit à montrer cette différence essentielle dans le développement d'un œuf d'Anamnien B et d'un œuf d'Amnien A.

Remarquons aussi que les *Amniens* sont les Vertébrés *pulmonés*, c'est-à-dire pourvus d'une respiration toujours pulmonaire ; tandis que les *Anamniens* sont les Vertébrés *branchiés*, c'est-à-dire pourvus de *branchies*, au moins transitoirement.

DÉVELOPPEMENT DES ORGANES DE L'EMBRYON HUMAIN
COMPARAISON AVEC LE DÉVELOPPEMENT CHEZ LES VERTÉBRÉS SUPÉRIEURS.

1° Accroissement général de l'embryon.

Age.				Caractères généraux.
20 jours.	Longueur de	5 millim.		
1 mois.	—	10	—	Tête ébauchée avec yeux, narines et bouche indiqués.
1 mois 1/2.	—	20	—	Tête distincte du thorax ; membres ; doigts visibles.
2 mois.	—	50	—	Organes génitaux. Début de l'ossification (vertèbres cervicales, côtes, membres, frontal et occipital).
3 mois.	—	80 à 100	—	Sexes distincts. Muscles quelque peu différenciés. Placenta constitué.
4 à 6 mois.	—	140 à 300	—	Ossification des os du tarse.
8 mois.	—	400	—	
9 mois.	—	500	—	Développement embryonnaire achevé.

2° Développement des organes internes. — Par suite de l'inégale segmentation qui se produit dans l'œuf, la vésicule blastodermique présente, nous l'avons déjà vu, un épaississement qui est l'origine de l'embryon ; on appelle *aire embryonnaire*, *a.e* (fig. 40, A), la région où se développent les feuillets blastodermiques. Une zone claire, la *zone pellucide*, circulaire d'abord, puis ovale, circonscrit cet espace ; la zone pellucide est elle-même entourée d'une *aire opaque*, *a.op*, future *aire vasculaire*, dans laquelle apparaîtront, au bout de quelques jours, les premiers vaisseaux destinés à absorber le vitellus nutritif.

La tache embryonnaire présente en son milieu une traînée très foncée, la *ligne primitive*, *l.p*, due à une active prolifération des cellules qui concourent à la formation du feuillet mésodermique (côté externe).

Les aires pellucide et embryonnaire s'allongent de plus en plus ; un sillon apparaît au milieu et en avant de la ligne primitive : c'est la *gouttière médullaire*, *g.m*, dont les bords ou *replis médullaires* s'incurvent en avant et se rejoignent au niveau du *repli céphalique*, *r.cé*.

Avant la soudure des replis médullaires en un *tube nerveux* (origine du système nerveux central), le mésoderme présente une *zone vertébrale* médiane, *z.ver* (B), sous-jacente à la gouttière médullaire, avec les premiers somites, *s.més*, dont le plus antérieur indique le point d'union de la tête avec le tronc. L'entoderme *ent* (C), épaissi sur la ligne médiane, forme à ce moment la *noto-*

chorde, not ; le feuillet interne du mésoderme (splanchnopleure, *f. spl,* X′Y′) se recourbe sur lui-même de part et d'autre de la

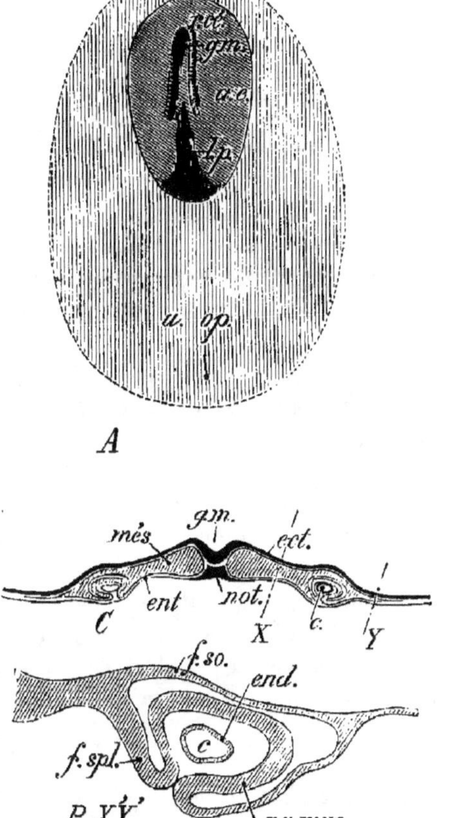

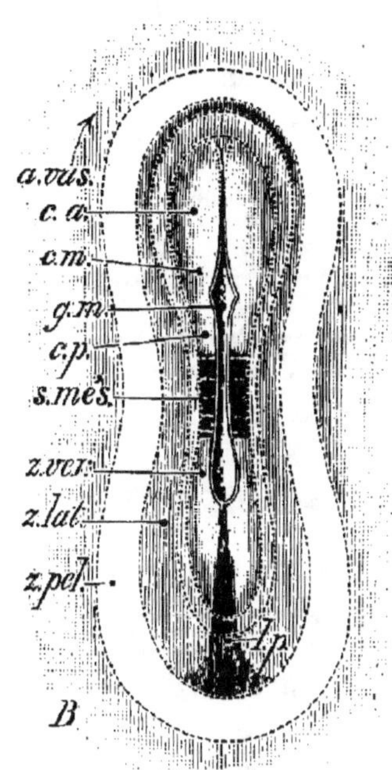

Fig. 40. — Développement des organes de l'embryon. — A, origine de l'embryon ; *a.e,* aire embryonnaire ; *l.p,* ligne primitive ; *g.m,* gouttière médullaire ; *r.cé,* repli céphalique. — B, Embryon vu par la face dorsale ; *a.vas,* aire vasculaire ; *z.pel,* zone pellucide ; *z.lat,* zone latérale ; *z.ver,* zone vertébrale ; *c.a, c.m, c.p,* régions des futurs cerveaux antérieur, moyen et postérieur ; *g.m,* gouttière médullaire qui se ferme peu à peu ; *s.més,* somites mésoblastiques. — C, coupe transversale de la partie antérieure de l'embryon à un stade un peu plus avancé que B ; *g.m,* gouttière médullaire ; *not,* notochorde ; *ect, ent, més,* les 3 feuillets ; *c,* les deux moitiés du cœur. — *P.X′Y′,* portion grossie de la région XY, pour montrer l'origine du cœur, *c ; end,* endocarde ; *pa.mus,* paroi musculaire du cœur (myocarde) ayant pour origine la splanchnopleure.

ligne médiane dans la région céphalique, et forme deux tubes impairs, *c ;* ces deux tubes se rapprochent peu à peu l'un de l'autre et se confondent sur la ligne médiane en un *cœur, c* (fig. 43,3), compris entre la notochorde et l'intestin, désormais différenciés.

L'*intestin,* d'abord confondu avec la vésicule ombilicale, en est devenu distinct par suite du développement de l'amnios qui a produit l'étranglement ombilical signalé à la page 47 (fig. 37, A, B, C).

Plus tard apparaissent les parties diverses du *squelette* et des *muscles* aux dépens du mésoderme.

Examinons avec quelque détail le mode de développement de ces organes divers, en les classant d'après l'ordre d'apparition des feuillets dont ils dérivent : 1° l'ectoderme ; 2° l'entoderme ; 3° le mésoderme.

a'. FORMATIONS D'ORIGINE ECTODERMIQUE.

Les dérivés principaux de l'ectoderme sont : l'*épiderme* et les glandes qui en dépendent ; le *système nerveux* et les *organes des sens*.

Épiderme. — Il a été formé par la multiplication des couches cellulaires de l'ectoderme, prolifération qui se poursuit dans la couche de Malpighi chez l'être adulte (voir tome Ier, page 224). Les glandes sudoripares, sébacées et autres formations tégumentaires (tome Ier, page 181), auxquelles a pris part la couche de Malpighi, sont aussi d'origine ectodermique.

Système nerveux et organes des sens. — Le développement du système nerveux a été exposé dans le 1er tome de cet ouvrage (pages 277 à 280) ; nous renvoyons également le lecteur aux pages 236-238 et 249-251 pour l'étude embryogénique des organes de l'ouïe et de la vue qui se dessinent déjà au bout de quelques jours. Les organes de l'odorat et du goût apparaissent plus tard, lorsque se produisent les invaginations ectodermiques d'où la bouche et les fosses nasales tirent leur origine.

(b). FORMATIONS D'ORIGINE ENTODERMIQUE.

Ce sont le *tube digestif* et les *poumons*.

Tube digestif. — D'abord fermé à ses deux extrémités (fig. 41, A) et en large communication par sa région moyenne avec la vésicule ombilicale, *v.o.* ce tube *in* s'allonge en même temps que l'embryon et se divise en trois parties : le cul-de-sac antérieur ou *proentéron* (futur *œsophage*, *œ*) ; la partie moyenne ou *mésentéron* (*estomac*, *e* et *intestin*, *in*) ; le cul-de-sac postérieur ou *mésentéron* (*rectum*, *r*). Cette dernière partie a produit le bourgeon uro-génital, *b.ug*, dont l'histoire a été faite précédemment (p. 24).

La région moyenne du tube digestif, d'abord rectiligne, se recourbe en circonvolutions nombreuses ; sa partie antérieure acquiert un fort calibre et devient l'estomac, *e*. Peu au delà de l'estomac apparaissent deux diverticules, 1, 1 (C), cordons d'abord pleins, puis creux (*canaux biliaires*), dont l'actif bourgeonnement constitue, de concert avec un réseau vasculaire sanguin qui s'y imbrique, une masse unique appelée *foie*, *f* (D)[1]. En arrière des diverticules précédents s'en développe un troisième, 2 (C), qui formera le *pancréas*, *p* (D).

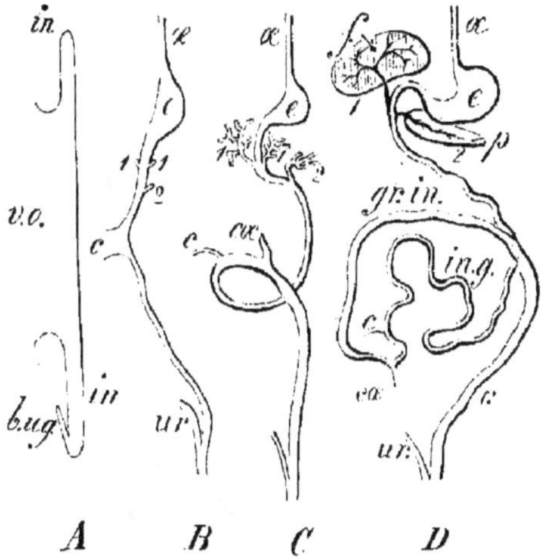

La partie terminale du futur intestin grêle présente le canal omphalo-mésentérique obstrué, *c* ; le *cæcum*, *cæ*, résulte d'un léger renflement de la région qui correspond au début du gros intestin.

La cavité buccale et l'orifice anal sont dus à deux invaginations de l'ectoderme dont la paroi profonde s'est résorbée au contact des extrémités de l'intestin.

Il va sans dire que le feuillet splanchnique du mésoderme forme les couches musculaire et séreuse qui enveloppent le tube intestinal.

Fig. 41. — Développement du tube digestif. — A, *in*, intestin primitif en large communication avec la vésicule ombilicale, *v.o.* — B, C, D, phases successives du développement. *œ*, œsophage ; *e*, estomac ; *in.g*, intestin grêle ; *gr.in*, gros intestin ; *cæ*, cæcum ; *r*, rectum. 1,1, diverticules formant les canaux biliaires du foie, *f* ; 2, futur pancréas, *p*. *c*, canal omphalo-mésentérique obstrué.

Des fentes viscérales. Formation des cavités buccale et nasale : isolement du conduit auditif. — Lorsque la flexion crânienne de l'embryon est telle que le cerveau moyen, c_3 (fig. 42, A), est situé à l'extrémité antérieure du corps, on voit apparaître successivement, de chaque côté de la tête, *quatre fentes viscérales* homologues des fentes branchiales que portent les Poissons dans la région du pharynx. Ces fentes sont dues à la production d'autant de diverticules entodermiques du *proentéron*, qui se prolongent jusqu'au niveau de l'ectoderme

1. Le foie est excessivement développé pendant les premiers moments de la vie fœtale : il atteint la moitié du poids du corps à l'âge de 3 semaines ; il n'en est plus que le vingtième à 9 mois.

lui-même invaginé ; aux points de rencontre des diverticules et des invaginations correspondantes, les tissus sont résorbés et les fentes apparaissent.

Les 4 fentes sont bordées de lèvres épaisses formant 5 *arcs viscéraux* dont les deux premiers sont l'*arc mandibulaire*, *a.m*, et l'*arc hyoïdien*, *1a*. Les deux arcs mandibulaires *a.m* (B) croissent, se soudent en avant pour former la mâchoire inférieure *m. i* ; ils développent en haut des *prolongements maxillaires* qui, soudés

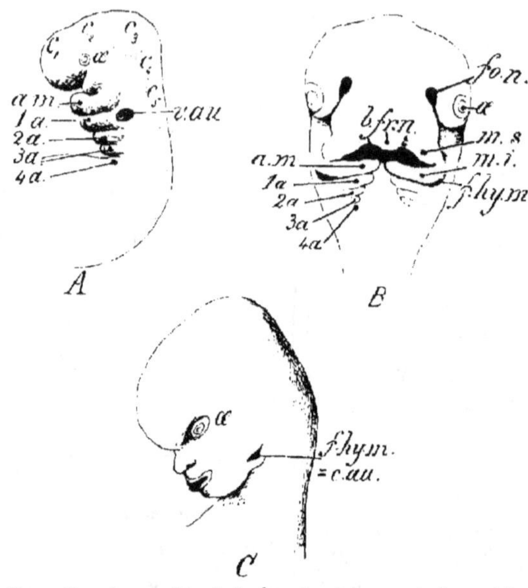

Fig. 42. — Formation des cavités de la bouche et du nez : isolement du conduit auditif externe. — A, fentes viscérales séparant les 5 arcs viscéraux (*a.m*, arc mandibulaire, *1a*... *4a*) ; *v.au*, vésicule auditive ; c_1, c_2, c_3, c_4, c_5, cerveaux antérieur, intermédiaire, moyen, cervelet, arrière-cerveau ; *œ*. œil. — B, soudure des arcs mandibulaires formant la mâchoire inférieure, *m.i* ; *b.fr.n*, bourgeon fronto-nasal ; *m.s*, mâchoire supérieure au-dessous de laquelle est l'ouverture buccale ; *fo.n*, fosse nasale ; *œ*, œil ; *f.hy.m*, fente hyo-mandibulaire. — C, les mêmes organes plus développés ; *c.au*, conduit auditif externe (fente hyo-mandibulaire communiquant par, l'oreille moyenne et la trompe d'Eustache, avec la cavité pharyngienne).

avec un *bourgeon fronto-nasal*, *b.fr.n*, médian et très proéminent, constituent la mâchoire supérieure, le nez saillant et le front. L'ouverture de la bouche est ainsi limitée par les deux mâchoires ; les *fosses nasales*, *fo.n*, d'abord assez haut placées, se rapprochent ; la voûte palatine, due à une expansion transversale du bourgeon médian, divise la cavité naso-buccale (*stomodæum*) en deux parties, le *nez* et la *bouche*, qui communiquent au niveau du pharynx.

La *fente hyo-mandibulaire*, *f.hy.m*, qui sépare l'arc mandibulaire de l'arc hyoïdien, se ferme en avant ; mais sa partie interne, ouverte en arrière de la cavité bucco-nasale, forme la trompe d'Eustache, la cavité tympanique et le conduit auditif externe, *c.au* (fig. 42, C).

Les autres fentes viscérales s'oblitèrent.

Poumons. — Ces organes consistent, au début, en un diverticule ventral de la paroi de l'œsophage primitif ; la partie terminale de ce tube se divise en deux lobes. origines d'une multitude de ramifications terminées en cul-de-sac (*cellules aériennes* primaires, secondaires, tertiaires, etc...). Les alvéoles pulmonaires représentent les derniers termes de ces bourgeons creux limités par la paroi des poumons.

Les tissus conjonctif et vasculaire qui embrassent étroitement cet arbre aérien sont d'origine mésodermique (feuillet splanchnique).

Les *sacs aériens* des Oiseaux ne sont autre chose, que les extrémités dilatées des principales bronches.

La *vessie aérienne* des Poissons provient également d'un diverticule de la face dorsale de l'œsophage.

(c). FORMATIONS D'ORIGINE MÉSODERMIQUE.

Elles comprennent l'*appareil vasculaire*, les *formations squelettiques*, les *muscles*, enfin les appareils *excréteur* et *génital*.

Appareil vasculaire. — Il se constitue sur place aux dépens du tissu conjonctif général : les gros vaisseaux tout au moins paraissent provenir de cordons cellulaires pleins dont les cellules centrales se transforment en corpuscules sanguins, tandis que les cellules périphériques constituent les parois vasculaires.

Deux circulations successives sont à considérer chez l'embryon : la *circulation omphalo-mésentérique* et la *circulation placentaire*.

(a). **Circulation omphalo-mésentérique.** — Le cœur naît chez l'embryon au niveau des cerveaux moyen et postérieur, *c.m* et *c.p* (fig. 40, B), sous la forme de *deux tubes indépendants*, *c* (C et X′Y′), dus à un repli du feuillet splanchnique du mésoblaste. Ces deux tubes, situés en *c* (fig. 43, 1), à droite et à gauche de la paroi ventrale du pharynx, *Ph*, se rapprochent peu à peu (2) et se confondent en un tube unique (3) placé entre le pharynx, *Ph*, et la masse vitelline qu'enveloppe l'entoderme, *ent*.

Le cœur tubulaire, *c* (fig. 43, 9), se continue en avant par deux *artères vertébrales antérieures*, *a.v.a* et, en arrière, par les *veines omphalo-mésentériques*, *v.omp*. Il subit de rapides et profondes modifications ; comme il s'accroît plus rapidement que la chambre dans laquelle il se trouve, le cœur (4) se contourne en un S (5) dont la partie postérieure (*auriculaire*) est dorsale et la partie antérieure (*ventriculaire*) est ventrale. Un étranglement rend plus distinctes ces deux moitiés (6) qui deviennent : une *oreillette*, *o*, à paroi mince (7) et un *ventricule*, *v*, à paroi musculaire épaisse ; ce dernier se continue en avant par un segment unique appelé *bulbe aortique, b*.

Le cœur détermine, par ses contractions rythmiques, le mouvement du sang dans l'appareil suivant :

Deux *artères vertébrales antérieures, a.v.a* (fig. 43,9), se recourbent en avant du cœur et forment deux *arcs aortiques* qui se

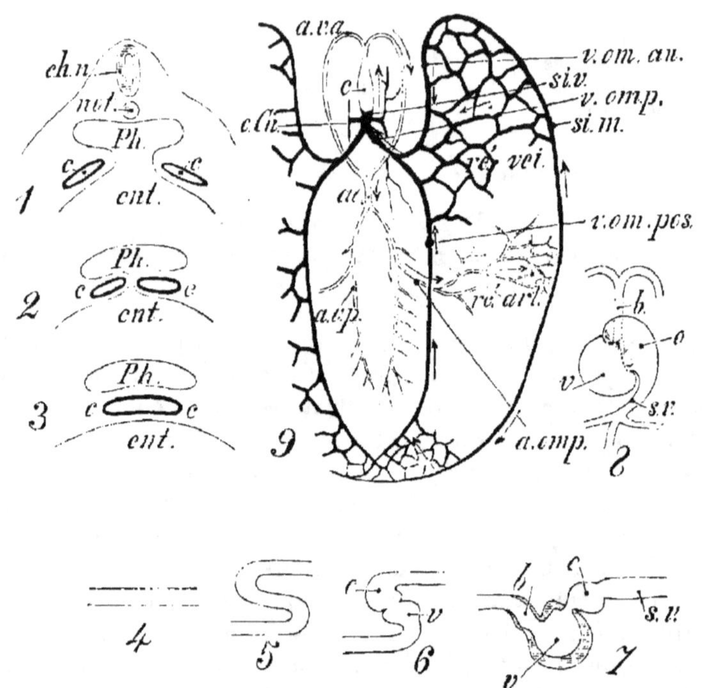

Fig. 43. — Circulation omphalo-mésentérique schématisée de l'embryon humain. — 1 à 8, modifications successives aboutissant à la formation du cœur. — 1,2,3, *c,c*, tubes latéraux qui se soudent en un cœur médian situé entre le pharynx, *Ph* et la masse vitelline contenue dans l'entoderme, *ent.* — 6,7,8, distinction d'une oreillette, *o*, à laquelle aboutit un sinus veineux, *s.v*, et d'un ventricule, *v*, duquel part le bulbe. *b*. — 9. *c*, cœur; *a.v.a*, artères vertébrales antérieures; *ao*, aorte; *a.v.p*, artères vertébrales postérieures; *a.omp*, artères omphalo-mésentériques: *ré.art*, réseau artériel réparti sur la vésicule ombilicale: *si.m*, sinus marginal; *v.om.an*, *v.om.pos*, veines omphalo-mésentériques antérieure et postérieure confondues en une veine commune, *v.omp*; *si.v*, sinus veineux; *c.Cu*, canaux de Cuvier.

rejoignent en une *aorte* médiane, *ao*, dans la région moyenne du corps où sont distincts déjà les somites mésodermiques; l'aorte se dédouble en *deux artères vertébrales postérieures, a.v.p* (futures artères *iliaques*), nourricières de toute la région postérieure de l'embryon. S'en détachent deux artères principales, *artères omphalo-mésentériques, a.omp*, dont le réseau, *ré.art*, réparti sur la vésicule ombilicale, permet au sang d'y puiser, *par endosmose*, la matière nutritive nécessaire au développement de l'embryon. Ainsi enrichi, le sang aboutit à un *sinus marginal, si.m*, continué, de chaque côté du corps, par les *veines omphalo-mésentériques antérieure, v.om.an* et *postérieure, v.om.pos.*, qui se confondent en une veine unique, *v.omp*. Les deux veines omphalo-mésentériques *v.omp* se rendent dans la portion auriculaire du cœur.

(b). **Circulation placentaire.** — Le vitellus de la vésicule ombilicale est rapidement résorbé, alors que les exigences de l'embryon vont sans cesse croissant; l'allantoïde se développe et, avec cette formation nouvelle, apparaît un réseau sanguin approprié qui assure la nutrition du fœtus, grâce à des échanges osmotiques entre le sang maternel et le sang fœtal dans les villosités du placenta.

L'appareil circulatoire du fœtus humain, dans cette seconde période, passe successivement de la phase Poisson au stade Amphibien, et prend enfin la forme qui caractérise le Mammifère.

Les premières phases s'observent absolument identiques chez les Oiseaux et les Reptiles; puis des divergences se manifestent dans la constitution définitive de leur appareil vasculaire.

Cœur. — A part une ou plusieurs paires de valvules contenues dans le bulbe aortique chez les Poissons (1 paire : Téléostéens ; plusieurs paires : Élasmobranches, Ganoïdes, Dipnoï), le cœur de ces animaux est à peu près semblable à celui de l'embryon aux premiers jours de son existence (fig. 43, 7 et 8).

Cet organe est recourbé sur lui-même, le ventricule en dessous et à droite, l'oreillette en dessus et à gauche ; puis une cloison, *cl* (fig. 44, A), en forme de crête, s'élevant de la région inférieure du ventricule *v*, le partage d'abord incomplètement (stade Dipnoï), puis totalement, en deux chambres [ventricule gauche, *v.g* (B) et ventricule droit, *v.d*] en continuité toutes deux avec le bulbe aortique, *b*.

Comme nous le verrons plus loin, le bulbe se ramifie en cinq paires d'arcs aortiques (D); or, entre la 4e et la 5e paire d'arcs aortiques apparaît une cloison, *cl*, qui se développe de haut en bas, jusqu'à la cloison interventriculaire, en isolant du bulbe un canal, *v.d*, tel que le cinquième arc droit (future *artère pulmonaire, a.p*) correspond au ventricule droit, tandis que le canal *v.g* (future *artère aorte, ao*) s'ouvre dans le ventricule gauche.

En même temps, une autre cloison (*incomplète*, celle-ci) apparait dans l'oreillette primitive partagée à son tour en une *oreillette droite, o.d*, et une *oreillette gauche, o.g* (fig. 44, B et C). Ces deux cavités communiquent entre elles par le *trou de Botal*, orifice existant dans la cloison interauriculaire pendant toute la durée de la vie fœtale. L'oreillette droite est en rapport avec le sinus veineux, *s.v*, puis avec les veines caves; dans l'oreillette gauche s'ouvriront plus tard les veines pulmonaires, dont nous mentionnerons l'apparition avec le développement des poumons.

Des valvules se sont formées entre les oreillettes et les ventricules. Si l'on se reporte à l'étude comparée de l'appareil circula-

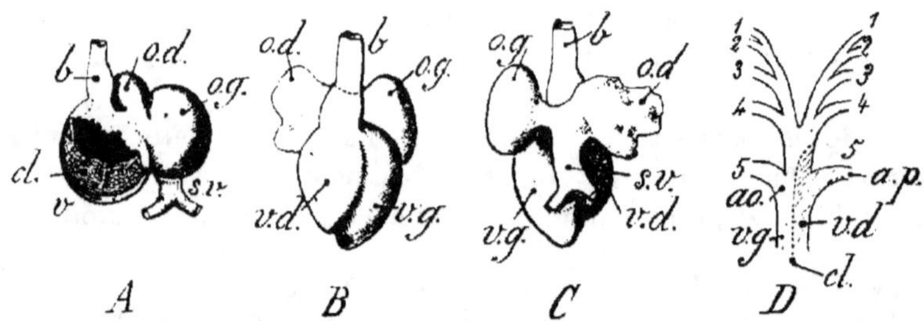

Fig. 44. — Évolution du cœur. — A. apparition d'une cloison, *cl*, dans le ventricule *v*; *b*, bulbe aortique : *o.d, o.g*. oreillettes droite et gauche ; *s.v*, sinus veineux. — B, les ventricules droit et gauche, *v.d* et *v.g*, sont tous deux en continuité avec le bulbe, *b*. — C, le sinus veineux, *s.v*, est en rapport avec l'oreillette droite, *o.d*. — D, une cloison *cl* divise le bulbe aortique en deux parties : l'une, *v.d*, correspondant au ventricule droit et à l'artère pulmonaire, *a.p*; l'autre, *v.g*. communiquant avec le ventricule gauche et se continuant avec l'artère aorte, *ao*. — 1, 2, 3, 4, 5. les 5 paires d'arcs artériels.

toire des Vertébrés (tome Ier, p. 143-148), on retrouvera, à l'état adulte, dans la série constituée par ces animaux, les différentes phases traversées successivement par le cœur de l'embryon humain ou d'un Mammifère supérieur.

Système artériel. — Le bulbe aortique, après avoir émis une première paire d'arcs (artères vertébrales antérieures, *a.v.a*, fig. 43, 9), en forme *successivement*, d'avant en arrière, 4 autres paires. Les 5 paires d'*arcs artériels* (fig. 45, A) ainsi formées [*arcs mandibulaires* (1), *arcs hyoïdiens* (2), *arcs branchiaux* (3, 4, 5)] entourent l'œsophage d'autant de colliers, et se réunissent en une *aorte dorsale, ao.d*. Elles ne remplissent jamais la fonction d'artères branchiales chez l'embryon humain qui est dépourvu de branchies.

Il en est de même chez les Mammifères, les Oiseaux et les Reptiles.

Les premiers de ces arcs ont déjà disparu, alors que les derniers ne sont pas complètement développés; mais leur atrophie est incomplète et le système vasculaire définitif en conserve la trace. La figure 45 (B) montre l'origine des *artères carotides* droite, *c.d*, et gauche, *c.g*, et leur division en deux branches (carotides interne, *c.i*, et externe, *c.e*), aux dépens des 3 premières paires d'arcs.

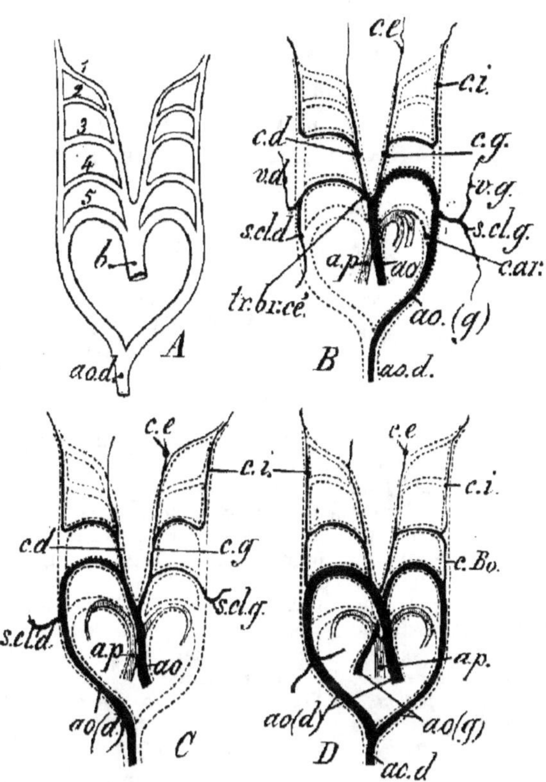

Fig. 45. — Transformations du système artériel A : chez les Mammifères B, chez les Oiseaux C, chez les Reptiles D. — A, Système primitif ; *b*, bulbe émettant 5 paires d'arcs artériels qui se réunissent en une aorte dorsale, *ao.d.* — B, Mammifères. *ao(g)*, crosse aortique gauche (4e arc gauche) se continuant par l'aorte dorsale, *ao.d* ; *tr.br.cé*, tronc brachio-céphalique d'où partent la carotide droite, *c.d*, et la sous-clavière droite, *s.cl.d* ; *c.g*, carotide gauche : *c.i* et *c.e*, carotides interne et externe ; *s.cl.g*, sous-clavière gauche ; *v.d.* et *v.g*, artères vertébrales droite et gauche ; *a.p*, artère pulmonaire ; *c.ar*, canal artériel. — C, Oiseaux. *ao(d)*, crosse aortique droite (4e arc droit). — D, Reptiles. *ao.(d)*, crosse aortique droite très importante ; *ao.(g)*, crosse aortique gauche plus étroite ; *ao.d*, aorte dorsale ; *c.Bo*, conduits de Botal faisant communiquer les crosses aortiques (4e paire d'arcs) avec les carotides internes (3e paire).

De la 4e paire, persiste seul en entier l'arc aortique gauche qui forme l'artère aorte, ao (g); cette artère aorte parvient, d'un côté, au ventricule gauche du cœur par l'une des branches, *ao*, du bulbe aortique divisé en deux, et à l'aorte dorsale, *ao.d*, d'autre part. Du quatrième arc gauche se détachent successivement :

la carotide gauche, *c.g*, puis l'artère sous-clavière gauche, *s.cl.g*.

Le quatrième arc droit se prolonge en un tronc brachio-céphalique, *tr.br.cé*, formé de la carotide droite, *c.d*, et de la sous-clavière droite, *s.cl.d*.

Le 5e arc aortique gauche seulement constitue l'*artère pulmonaire*, divisée en deux rameaux (un pour chaque poumon); cette artère s'ouvre dans le ventricule droit du cœur par la seconde branche, *a.p*, du bulbe aortique.

Un *canal artériel*, *c.ar*. fait communiquer *temporairement* l'artère pulmonaire, *a.p*, et l'aorte, *ao (g)*; il devient ensuite un cordon plein qui subsiste chez l'adulte.

Chez tous les Mammifères s'observent les mêmes transformations pour le système artériel. Quelques différences se manifestent chez les Oiseaux : c'est le 4e *arc droit* qui forme l'artère aorte; les branches de l'artère pulmonaire sont constituées aux dépens des deux arcs de la 5e paire (fig. 45, C).

Le bulbe aortique des Reptiles (D) se divise en trois branches qui se continuent : l'une, *ao (d*, par la crosse aortique droite (4e arc droit); l'autre, *ao (g)*, beaucoup moins importante, par la crosse aortique gauche (4e arc gauche); la 3e, *a. p*, par l'artère pulmonaire.

Des *conduits de Botal*, *c.Bo*, mettent en relation les carotides internes, *c.i*, avec les crosses aortiques correspondantes.

La 3e paire persiste chez tous les Vertébrés supérieurs; la 4e paire donne origine à l'aorte et la 5e paire forme l'artère pulmonaire.

Les Amphibiens possèdent, à l'origine, 5 paires d'arcs dont la 1re paire forme la carotide et les 4 dernières des arcs branchiaux. Les transformations en ont été d'ailleurs esquissées déjà (tome Ier, page 147, fig. 143).

Les Poissons possèdent 6 paires d'arcs aortiques au début; les 5 dernières persistent avec quelques modifications chez les Élasmobranches; les Téléostéens ne présentent que les 4 dernières paires; chez les Dipnoï, la vessie aérienne (véritable poumon) reçoit du sang du 4e arc branchial.

L'artère pulmonaire de tous les Vertébrés à respiration aérienne dérive du dernier arc aortique.

L'aorte dorsale s'allonge et donne naissance à des artères diverses, en rapport avec les organes nouveaux à mesure qu'ils apparaissent. Les artères vertébrales postérieures, *a.v.p* (fig. 43, 9), qu'elle a primitivement formées, deviennent les *artères iliaques*, d'où se détachent les *artères allantoïdiennes* (appelées à tort ombilicales): ces dernières se rendent au placenta dans les villosités duquel elles se ramifient, *v.v′fœ* (fig. 38).

Système veineux. — Le système veineux primitif de l'embryon comprenait une oreillette, *or* (fig. 46, A), d'où partaient : 1° les *sinus de Cuvier*, *s.C*, formés de la réunion des *veines cardinales antérieure*, *c.a*, et *postérieure*, *c.p* (amenant le sang du corps de l'embryon); 2° un tronc médian résultant de l'union des deux *veines omphalo-mésentériques, v.omp* (1,1), (ramenant le sang nutritif de la vésicule ombilicale).

Bientôt la veine omphalo-mésentérique droite s'atrophie, en

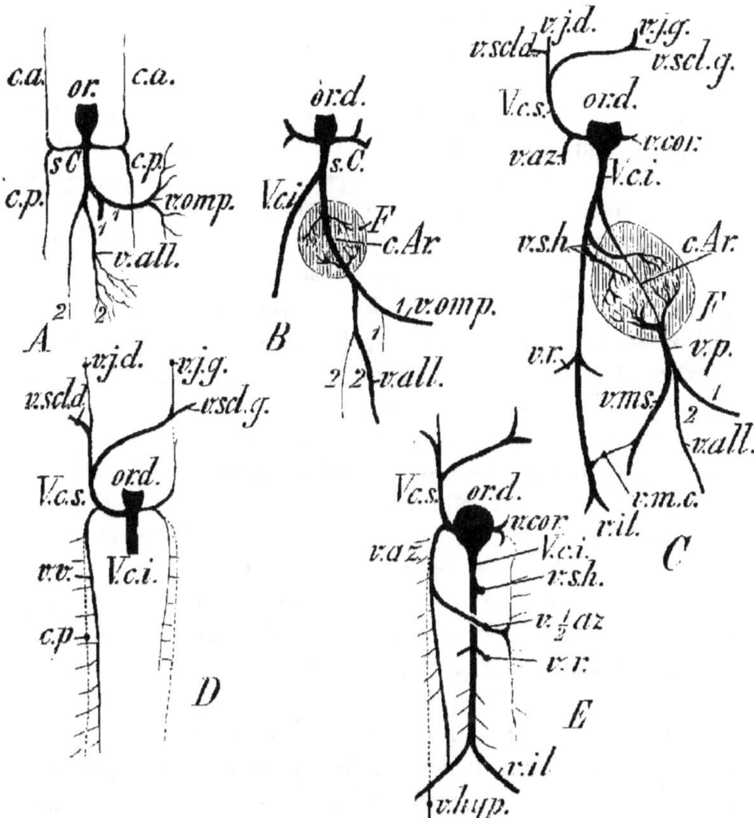

Fig. 46. — Développement du système veineux. — A, Circulation omphalo-mésentérique et début de la circulation placentaire. *or*, oreillette ; 1, 1 *v.omp*, veines omphalo-mésentériques (voir fig. 43) ; 2, 2, *v.all*, veines allantoïdiennes ; *s.C*, sinus de Cuvier formé de la réunion des veines cardinales antérieure, *c.a*, et postérieure, *c.p*. — B, atrophie des veines omphalo-mésentérique droite (1) et allantoïdienne droite (2) ; les deux veines persistantes se confondent dans le canal d'Aranzi, *c.Ar*, qui traverse le foie *F* ; *V.c.i*, veine cave inférieure. — C ; *v.p* veine porte formée de la réunion de la veine mésentérique supérieure, *v.m.s*, et des veines omphalo-mésentérique (1) et allantoïdienne (2) ; *c.Ar*, canal d'Aranzi ; *v.s.h*, veines sus-hépatiques. *V.c.i*, veine cave inférieure ; *v.r*, veines rénales ; *V.c.s*, veine cave supérieure ; *v.j.g*, *v.j.d*, veines jugulaires gauche et droite ; *v.scl.d*, *v.scl.g*, veines sous-clavières droite et gauche ; *v.az*, veine azygos ; *v.cor*, veine coronaire. — D, développement de la veine cave supérieure *V.c.s* ; *c.p*, veine cardinale postérieure ; *v.v*, veine vertébrale. — E, développement de la veine azygos, *v.az*, et ses rapports avec la veine cave supérieure, *V.c.s*, et la veine cave inférieure, *V.c.i* ; *v.1/2az*, veine demi-azygos ; *v.il*, veines iliaques ; *v.hyp*, veines hypogastriques.

même temps qu'apparaissent les *veines allantoïdiennes, v.all* (2, 2), dont les ramifications ultimes sont réparties dans les villosités du placenta. Tandis que la veine allantoïdienne droite s'oblitère à son tour, le tronc commun aux veines persistantes, 1 et 2 (B), est englobé, sous le nom de *canal d'Aranzi*, *c. Ar*, par les diverticules de l'intestin qui forment le foie *F*. Ce tronc commun envoie au foie de nombreux rameaux qui s'anastomosent et se rendent dans le canal d'Aranzi. Le tronc veineux, prolongé au-dessus du foie jusqu'au cœur, a émis un vaisseau de plus en plus important, la veine *cave inférieure*, *V.c.i*, qui rapporte désormais le sang de la région postérieure du corps et en particulier du corps de Wolff, puis des organes urinaires (*veines rénales, v.r.*) et des organes génitaux, à mesure qu'ils se différencient.

L'intestin acquiert également un système veineux important dont le tronc est la *veine mésentérique, v.m.s* (C), qui aboutit au point de jonction des veines omphalo-mésentérique, 1, et allantoïdienne, *v.all*. La réunion de ces trois vaisseaux constitue désormais la *veine porte, v.p*, ramifiée dans le foie *F* en un réseau afférent ; le réseau afférent débouche bientôt et directement dans la veine cave inférieure, *V.c.i*, par les *veines sus-hépatiques, v.s.h* ; le canal d'Aranzi, *c.Ar*, perd de son importance ; il se réduit à un cordon plein (ligament rond du foie), à la fin de la vie fœtale.

Une anastomose s'établit, par la *veine mésentérico-coccygienne, v.m.c*, entre la veine mésentérique, *v.m.s*, et la veine cave inférieure, *V.c.i*, au point de jonction des veines iliaques, *v.il*.

Telle est la série des transformations éprouvées par le système veineux ayant pour tronc principal la veine cave inférieure.

L'ensemble des veines cardinales s'est transformé également en un système ayant pour tronc commun la *veine cave supérieure*. En effet, à mesure que se développent la tête et le cou, les veines cardinales antérieures, *c.a*, deviennent les *veines jugulaires, v.j* (fig. 46, D) : une anastomose s'étant établie entre la base de la veine cardinale droite et son homologue gauche, on appelle *veine cave supérieure, V.c.s*, le sinus de Cuvier droit et la base de la veine cardinale antérieure droite.

Cette veine cave se ramifie en deux branches dont chacune, ramifiée à son tour, comprend une *veine jugulaire, v.j*, et une *veine sous-clavière, v.scl ;* elle collectionne le sang de toute la partie antérieure du corps. Le rudiment qui persiste du sinus de Cuvier gauche reçoit la *veine coronaire, v.cor* (E), qui se rend dans la paroi même du cœur.

Aux veines cardinales postérieures, *c.p.* (A), se substituent assez rapidement les *veines vertébrales postérieures*, *v.v.* Celle de droite devient la *veine azygos*, *v.az*, qui s'anastomose transversalement, par la *demi-azygos*, *v.1/2az*, avec les parties persistantes de la vertébrale postérieure gauche. La veine azygos débouche dans la veine cave supérieure, près de son orifice dans l'oreillette droite ; elle ramène le sang des parois du tronc.

En résumé, le système veineux de l'adulte comprend :

1° *La veine cave inférieure et ses dépendances* (dont le système porte) ayant pour origine le tronc commun des veines omphalo-mésentériques et allantoïdiennes ;

2° *La veine cave supérieure et ses ramifications*, provenant des veines cardinales antérieures ;

3° *La veine azygos et ses branches*, résultant de la transformation des veines cardinales postérieures.

Le développement du système veineux chez les Oiseaux et les Reptiles diffère peu de celui qui vient d'être décrit, développement qui s'applique presque intégralement à tous les Mammifères. Chez les Reptiles toutefois, le sang qui revient des membres postérieurs et de la queue traverse les reins. (Voir tome 1er, fig. 142.)

Le système veineux des Poissons (dont celui des Amphibiens diffère surtout par la présence d'une veine cave inférieure) se rapproche beaucoup du type primitif représenté par la figure 46, A, abstraction faite des veines allantoïdiennes ; les veines cardinales forment les principaux canaux veineux du tronc. Les cardinales postérieures qui se trouvent au-dessus du mésonéphros en reçoivent le sang et celui des parois du corps. Un tronc impair (*veine sous-intestinale*), qui se prolonge dans la queue, reçoit la veine omphalo-mésentérique en avant de laquelle se développe le foie ; la veine sous-intestinale se résout alors dans le foie en un réseau capillaire (système porte-hépatique).

Trajet du sang dans la circulation placentaire.

Le sang, partant du ventricule gauche, *V.G* (fig. 47), par l'artère aorte, *ao*, est distribué aux organes supérieurs *C* et inférieurs *C'* du corps ; une partie se rend aux villosités du placenta, *Vi.pl*, où elle puise des matières nutritives et l'oxygène dissous nécessaires à l'embryon. Le sang, revenant du placenta et des organes *C'*, est recueilli par la veine cave inférieure, *V.c.i*, parvient à l'oreillette droite, *O.D*, *en face du trou de Botal* (situé dans la paroi inter-auriculaire), traverse cet orifice, puis l'oreillette gauche, *O.G*, et le ventricule gauche, *V.G*, pour rentrer dans l'aorte.

D'autre part, le sang qui revient des organes *C*, par la veine cave supérieure, *V.c.s*, traverse l'oreillette droite, *O.D*, et pénètre dans le ventricule droit, *V.D*, par l'orifice auriculo-ventriculaire situé en face; il s'engage dans le canal artériel, *c.ar* et rentre dans l'aorte.

Les poumons P s'organisent et la circulation pulmonaire s'établit seulement à la fin de la vie fœtale; l'atrophie de la valvule d'Eustachi, la fermeture du trou de Botal et l'oblitération du canal artériel amènent ce résultat.

A la circulation placentaire succède la *circulation de l'adulte*, qu'on peut appeler, à juste titre, la *troisième circulation*.

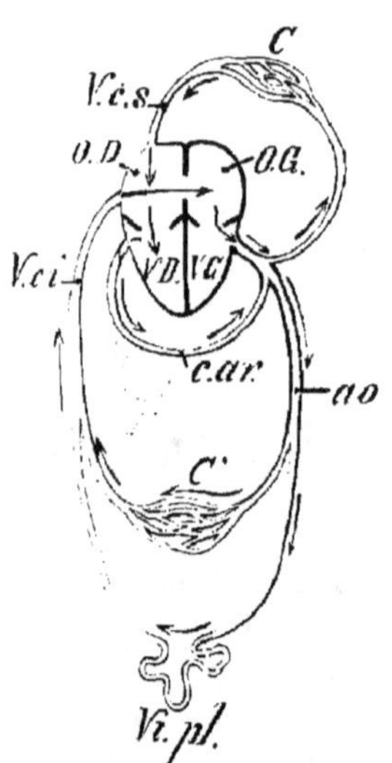

Fig. 47. — Trajet schématisé du sang dans la circulation placentaire. *V.D*, *V.G*, ventricules droit et gauche ; *O.D*, *O.G*, oreillettes droite et gauche ; *ao*, artère aorte ; *C*, *C'*, organes supérieurs et inférieurs ; *Vi.pl*, villosités du placenta ; *V.c.i.* veine cave inférieure ; *V.c.s.* veine cave supérieure ; *c.ar*, canal artériel ; *P*, poumons. Entre les oreillettes droite et gauche se trouve le trou de Botal.

Tissu conjonctif. — Nous avons dit quelques mots du développement de ce tissu, sous ses diverses formes, dans le 1ᵉʳ tome de cet ouvrage (pages 23, 186-188, 194-206); nous y renvoyons le lecteur.

Système musculaire. — Le système musculaire du tronc tire son origine de *plaques musculaires* qui proviennent elles-mêmes des somites mésodermiques (fig. 40, B). Chaque somite comprend une *lame somatique* externe et une *lame splanchnique* interne, développées dans la somatopleure, *f.so*, et dans la splanchnopleure, *f.spl* (fig. 18).

Les deux lames se transforment en muscles, la lame splanchnique beaucoup plus rapidement que l'autre.

Quant aux muscles de la tête, leur histoire, même abrégée, ne saurait être faite ici.

Appareil génito-urinaire. — Le développement de cet appareil a été exposé précédemment (pages 24 à 28). Rappelons, toutefois, que l'élément constitutif du mésonéphros (appareil temporaire chez les Amniens, persistant chez les Anamniens) présente la plus grande analogie avec l'organe segmentaire des Vers. (Voir aussi tome Iᵉʳ, p. 169-170.)

VIII. — DES FORMES EMBRYONNAIRES EN GÉNÉRAL

MÉTAMORPHOSES

On a admis jusqu'à ces dernières années que les Animaux présentent à considérer deux formes de développement bien distinctes :

1° Le *développement direct* (*type fœtal*), quand l'animal, au sortir de l'œuf, ressemble complètement à l'individu sexué qui lui a donné naissance, et n'a plus qu'à croître pour devenir lui-même adulte. (On désignait alors sous le nom d'*embryon* ou de *fœtus* le jeune être avant sa mise en liberté.)

2° La *métamorphose* (*type larvaire*), lorsque le nouveau-né, appelé *larve*, n'a accompli dans l'œuf qu'une partie de son évolution et doit subir, outre les phénomènes d'accroissement normal, un *développement post-embryonnaire* qui consiste en transformations plus ou moins complexes. (On attribuait alors au mot *larve* la signification suivante :

Les larves sont toutes les formes **libres,** *issues d'un œuf, qui précèdent l'apparition de la forme adulte dans un type donné.*)

Dans le cas du *développement direct*, remarquait-on à juste titre, l'œuf *libre*, volumineux, renferme un vitellus nutritif assez abondant pour suffire au développement total de l'embryon (Oiseaux); ou bien l'œuf trop petit demeure *inclus* dans l'utérus de la mère ou dans toute autre cavité[1], et l'embryon qui en est issu puise dans l'organisme maternel les éléments qui lui font défaut (Mammifères). Le nombre des descendants d'un même individu est alors très limité.

Un animal qui subit des *métamorphoses* provient d'un œuf *libre peu volumineux;* la larve due à l'éclosion de cet œuf pourvoit elle-même à ses besoins et présente des organes de locomotion appropriés. En raison de la petitesse des œufs et de leur prompte évacuation du corps de la mère, celle-ci a une progéniture très nombreuse.

On citait alors comme exemples les cas de métamorphose des Amphibiens et des Insectes.

Métamorphoses de la Grenouille. — L'œuf de la Grenouille (fig. 48, A) produit un Têtard (B), larve pourvue d'une longue queue aplatie latéralement et

---

1. Chez le Pipa (Amphibien de la Guyane). l'œuf est placé par le mâle sur le dos de la femelle, provoque une irritation de l'épiderme et la formation d'une cavité dans laquelle s'accomplit entièrement le développement. Il sort de la cavité, non pas comme Têtard. mais à l'état parfait.

de *ventouses* fixatrices *v :* de chaque côté de la tête apparaissent les fentes et les arcs branchiaux sur lesquels se développent les *branchies externes, br.e* (C), en même temps que la circulation s'établit, circulation analogue à celle des Poissons. L'animal grandit ; les branchies externes se flétrissent et sont remplacées par des

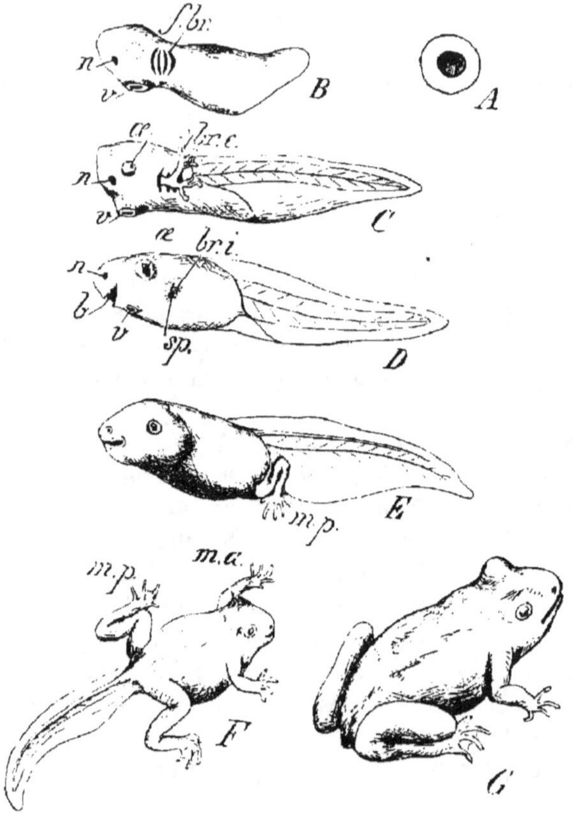

Fig. 48. — Métamorphoses de la Grenouille. — A, œuf. — B,C,D,E,F, Têtard aux stades successifs de son évolution. — G, Grenouille. *v,* ventouse; *w,* œil; *f.br,* fentes branchiales ; *br.e,* branchies externes; *br.i,* branchies internes logées dans une cavité latérale ouverte au dehors par le spiracle, *sp; b,* bouche ; *m.p. m.a.* membres postérieurs et membres antérieurs.

branchies internes, *br.i* (D), logées dans une cavité en rapport avec la bouche *b* récemment formée, en avant des ventouses. L'eau ambiante pénètre dans la bouche, traverse les fentes viscérales, baigne les branchies et sort par une petite ouverture latérale appelée *spiracle, sp.* Bientôt se développent les membres postérieurs, *m.p* (E), puis les membres antérieurs, *m.a* (F), tandis que la queue est résorbée (G). Pendant ce temps, l'animal a acquis deux poumons, les branchies internes se sont flétries, l'oreillette unique du cœur s'est dédoublée et la circulation, primitivement simple, est devenue double et incomplète.

Le Têtard, larve *aquatique, est devenu Grenouille, animal adulte affecté à la* vie aérienne.

Métamorphoses des Insectes. — Les Insectes subissent des métamorphoses complètes ou incomplètes (*Métaboliens*) ; les rares espèces aptères qui n'en subissent pas sont dites *Amélaboliens*.

Soit le Hanneton. Cet insecte apparaît abondamment au printemps et ravage avec une extrême rapidité les arbres dont il dévore les bourgeons et les jeunes feuilles ; les individus des deux sexes s'accouplent à la fin de mai, demeurent unis pendant plusieurs jours, puis la femelle pond 30 à 40 œufs dans les terres légères, souvent ameublies. Mâles et femelles meurent.

Les œufs se segmentent ; il en sort, au mois de juillet, les *larves* connues des agriculteurs sous le nom de *vers blancs ;* celles-ci se nourrissent de racines qu'elles coupent, de débris ligneux qu'elles trouvent sous le sol. Les larves ne viennent jamais à la lumière ; elles sont blanches, pourvues d'une cuticule peu épaisse, couvertes de poils assez raides et sensibles, et manquent d'yeux ; leur tube digestif est très volumineux à cause de l'énorme quantité de nourriture qu'elles consomment ; elles marchent difficilement, la courbure de leur corps les contraignant à se tenir sur le flanc. Dans le cours de leur existence qui dure environ 32 mois, les larves croissent constamment, mais avec lenteur. Au mois de mars ou avril de la *troisième année*, elles se renferment dans une coque ovalaire, épaisse, formée de débris agglutinés par leur salive ; les larves sont devenues des *nymphes* qui demeurent immobiles pendant 5 à 6 semaines et se transforment en *insectes parfaits* ou *ailés*.

Les organes de l'insecte parfait ou *imago* n'ont pas tous pour origine les organes correspondants de la larve ; pendant la phase d'immobilité de la nymphe, une partie des tissus larvaires subit l'*histolyse* suivie d'*histogénèse*. (Voir page 68.)

Les stades *larve, nymphe, insecte parfait* ou *imago* sont désignés sous les noms de *chenille, chrysalide, insecte parfait* ou *papillon* quand il s'agit des Lépidoptères ; certaines espèces de Lépidoptères (Bombyx du Mûrier) sécrètent un *cocon* formé par l'enroulement d'un fil soyeux entourant la chrysalide.

On ne peut conserver aujourd'hui la distinction du développement suivant le type fœtal ou le type larvaire, distinction basée uniquement sur la limite de la *sortie de l'œuf*. Ainsi que le fait judicieusement remarquer M. Giard, *la limite de la sortie de l'œuf ne correspond pas à un point précis de l'évolution embryonnaire ;* elle est purement physiologique et *dépend seulement de la plus ou moins abondante réserve nutritive que s'assimile l'ovule, l'œuf ou même l'embryon* dans le cours de son développement[1]. C'est pour cette raison que deux genres, très voisins sous la forme adulte (*Nermestes* et *Tetrastemma*), sortent de l'œuf : 1° le premier, à l'état de simple *blastula ;* le second, tout organisé comme ses parents.

1. Nous avons déjà signalé (page 39) quelques exemples de cette nutrition :

De l'*ovule*, aux dépens de cellules voisines (Insectes, Crustacés, Mammifères, etc..) ;

De l'*œuf*, aux dépens de matériaux fournis par des organes extra-ovariens (Oiseaux) ou d'autres œufs arrêtés dans leur évolution (Buccin, *Marex Lamellaria*, etc...).

Quant à l'*embryon*, nous avons pu remarquer également, par l'étude du fœtus humain, qu'il se nourrit aux dépens de sa mère, à laquelle il emprunte, par la circulation placentaire, les substances nécessaires à son développement. Ne continuera-t-il pas de le faire, d'ailleurs, *une fois né*, en suçant le lait de sa mère (Mammifères) ?

Le jeune Pigeon puise, dans la gorge de sa mère, des liquides nutritifs qu'elle prépare et régurgite dans ce but.

M. Éd. Perrier a voulu distinguer l'*embryon* de la *larve*, en admettant que *l'embryon ne possède pas toutes les unités morphologiques dont son corps doit être formé, tandis que la larve les renferme.* « Chez la larve, dit l'éminent zoologiste, s'accomplissent des changements plus ou moins rapides, soit dans les organes internes, soit dans la forme extérieure ; pendant toute la durée de ces changements, l'animal subit des *métamorphoses ;* après la série de ces transformations, il est à l'*état parfait.* »

Quelque opinion qu'on puisse se faire d'une semblable distinction, il faut avoir toujours présent à l'esprit ce fait que l'être vivant éprouve de continuelles transformations, et que l'évolution des organes est loin d'être terminée chez la plupart des êtres considérés comme parfaits, les Mammifères nouveau-nés, par exemple.

État embryonnaire, état larvaire sont deux expressions équivalentes pour M. Giard, qui considère, de plus, toute métamorphose comme liée à des phénomènes d'*histolyse* et d'*histogénèse.*

Ainsi, pendant la phase d'immobilité de la nymphe chez les Insectes, les tissus de la larve subissent l'*histolyse,* c'est-à-dire la *dégénérescence graisseuse* ou *nécrobiose phylogénique.* Cette dégénérescence a pour point de départ une sorte d'*asphyxie des tissus* insuffisamment nourris, asphyxie suivie de leur régression. La transformation de ces tissus en granulations graisseuses une fois opérée, la masse adipeuse *en réserve temporaire* subit la *phagocytose,* c'est-à-dire qu'elle est résorbée par les leucocytes du sang (*phagocytes*), qui assurent l'*histogénèse* ou édification des tissus de l'adulte (*imago*).

Laissons de côté, pour l'instant, ces considérations sur lesquelles nous reviendrons dans la suite (page 79).

Les recherches embryogéniques ont révélé, dans le développement de tous les Invertébrés pluricellulaires, des stades successifs variés comme nombre et comme forme.

On ne peut songer à entreprendre l'étude complète de ces transformations dans un cadre restreint comme celui que nous nous sommes proposé ; aussi nous bornerons-nous à faire connaître les formes larvaires fondamentales, en quelque sorte, dont proviennent les principaux groupes animaux.

OEuf, forme embryonnaire ou état larvaire, forme adulte : tels sont les états successifs d'un être vivant, le stade larvaire comprenant toute la période des transformations de cet être.

Formes larvaires simples issues de la segmentation de l'œuf. — L'étude des principaux modes de segmentation de l'œuf (page 38) nous a montré que toutes les formes embryonnaires sont issues d'une **morula** à 2^n cellules dans le cas d'une segmentation régulière, ou à $n \times 2$ cellule s dans les cas de segmentation inégale.

Une **blastula** (fig. 49, B), à cavité de segmentation plus ou moins réduite, s'organise en général aux dépens de la morula.

La **gastrula** (fig. 50) dérive le plus souvent de la blastula, suivant des modes divers que nous avons précédemment exposés.

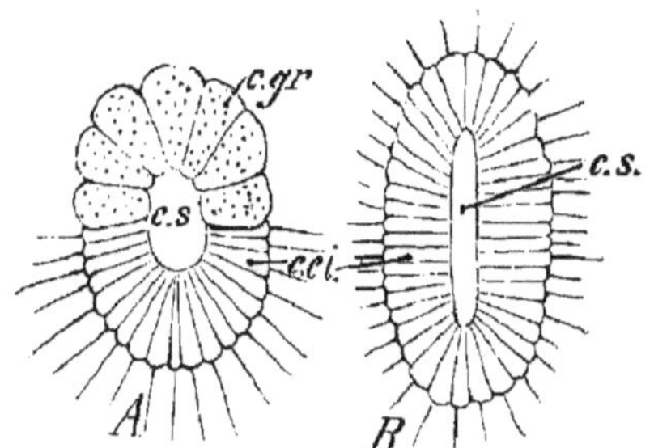

Fig. 49. — Formes larvaires. — A, *Amphiblastula* de l'espèce *Sycandra raphanus* (Spongiaires). — B, *Blastula*. *c.gr*, cellules granuleuses : *c.ci*, cellules ciliées ; *c.s*, cavité de segmentation.

La *gastrula par embolie* (*gastrula invaginata, archigastrula*), observée chez les Échinodermes, l'*Amphioxus*, etc.;

La *gastrula par épibolie* (*amphigastrula*) de la Littorine, de la *Nereis*, etc. ;

La *gastrula par délamination* (*gastrula delaminata*) des Méduses Géryonides ;

La *discogastrula* des Vertébrés ;

La *porogastrula* des Hydroïdes, avec la *parenchymula* comme forme dérivée :

Telles sont les formes principales qu'affectent la plupart des animaux au commencement de leur évolution.

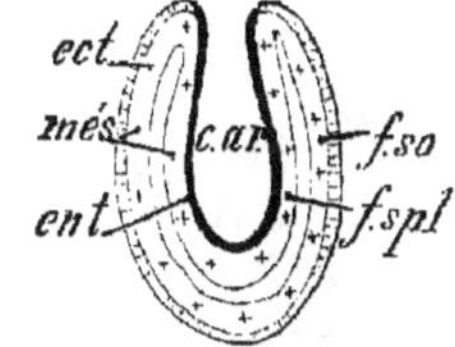

Fig. 50. — *Gastrula* (voir légende de la figure 32).

Larves plus complexes dérivées de la gastrula. — Le nombre des formes larvaires dérivées de la *gastrula* est assez considérable ; mais quelques-unes d'entre elles paraissent se rapprocher davantage des *formes ancestrales*, origines probables des phylums les plus importants du règne animal ; aussi en ferons-nous un sommaire examen.

Caractères communs de quelques formes larvaires principales. — *Face dorsale convexe, face ventrale concave* où s'ouvre la bouche (et l'anus en arrière quand il existe). *Lobe préoral* formé par le prolongement de la face dorsale en avant de la bouche. *Cils* revêtant uniformément toute la larve au début, puis se partageant en *bandes* ou *couronnes ciliées* souvent prolongées par des appendices ou bras. *Tube digestif* en forme de canal recourbé à concavité ventrale, comprenant un œsophage, un estomac et un rectum (quand l'anus existe).

Caractères distinctifs de ces formes larvaires principales. — Parmi ces formes, nous distinguerons seulement : le *Pili-*

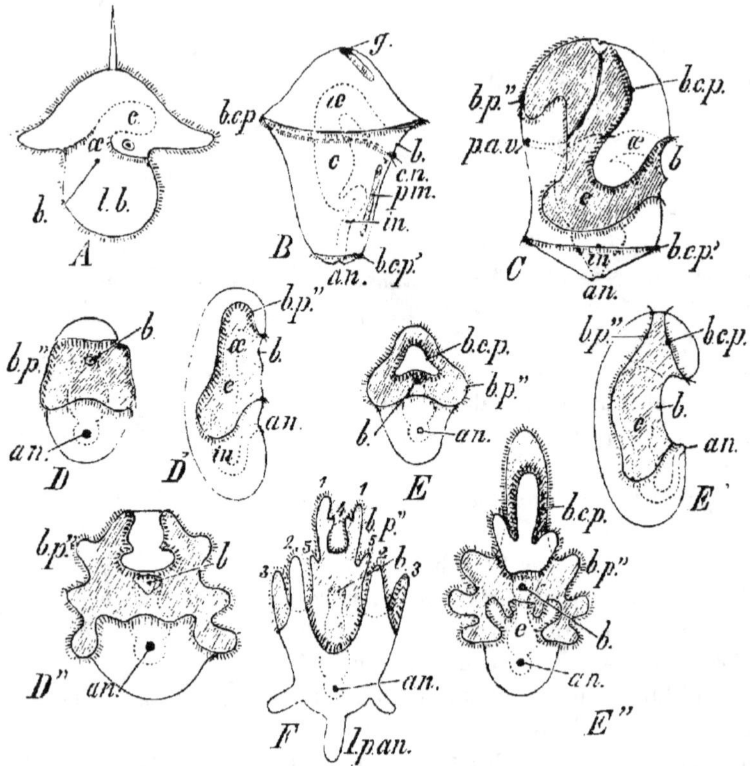

Fig. 51. — Formes larvaires dérivées de la gastrula. — A. *Pilidium* ; *b*, bouche ; *l.b.* lobes buccaux ; *œ*, œsophage ; *e*, estomac. — B, *Trochosphère* ; *b*, bouche située entre la couronne ciliée préorale, *b.c.p* et la couronne postorale, *c.n.* ; *œ*, *e*, *in*, tube digestif ; *an*, anus ; *b.c.p'*, couronne ciliée préanale, *g*, ganglion nerveux ; *p.m*. plaques médullaires ventrales. — C, *Tornaria* ; même légende que pour B : *b.p''*, bande ciliée longitudinale. — D, D', D''. *Auricularia* des Holothuries. — E, E', E'', *Bipinnaria* des Astérides. — F, *Pluteus* des Échinides : *b.c.p*, bande ciliée préorale ; *b.p''*, bande ciliée longitudinale ; *b*, bouche ; *an*, anus ; *œ*, *e*, *in*, tube digestif. 1, 1, 2, 2.... 5 bras numérotés dans leur ordre d'apparition.

dium des Némertes, la *Trochosphère* des Chétopodes, Géphyriens, Rotifères, Bryozoaires et Mollusques, les *formes larvaires simples* des Échinodermes et la *Tornaria* des Entéropneustes : nous laisserons de côté, dans cette comparaison, le *Nauplius* des Crustacés et les formes complexes que présentent les Insectes, Tuniciers, etc...

1° **Pilidium**. — Observé chez les Némertes, le *Pilidium* (fig. 51, A), complètement cilié, est une gastrula dont *le prostome devient l'orifice buccal, b,* bordé de deux grands lobes buccaux, *l.b.* Le tube digestif, *e,* ne possède pas d'anus.

2° **Trochosphère**. — Cette forme larvaire (B), que représentent à peu près les Rotifères à l'état permanent, est caractérisée par une *couronne ciliée préorale, b.c.p,* essentiellement locomotrice limitant le lobe préoral; en arrière de cette couronne est immédiatement placée la bouche, *b;* une seconde couronne de cils courts, *c.n,* parallèle à la première, a pour rôle d'amener à la bouche

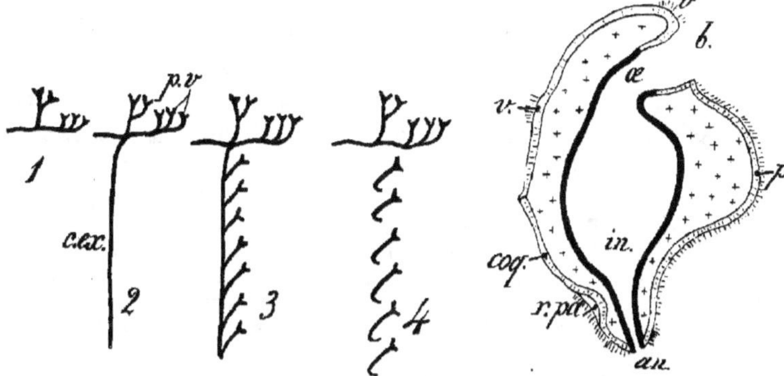

FIG. 52. — Diagramme du développement de l'appareil excréteur chez les Annélides. 1, 2, 3, 4, phases successives; *p.v,* pavillons vibratiles; *c.ex,* canal excréteur. (Comparer cette figure à la figure 20.)

FIG. 53. — Trochosphère des Mollusques Gastéropodes. *v, v,* voile; *pi,* pied; *r.pa,* repli palléal; *coq,* coquille; *b,* bouche; *an,* anus; *in,* intestin. (Figure théorique.)

les matières alimentaires; une *couronne ciliée préanale, b.c.p',* apparaît souvent, ainsi que d'autres couronnes intermédiaires. Le tube digestif débute par une bouche ventrale, *b* et un anus, *an,* terminal ou ventral; *l'anus de la trochosphère a parfois une situation correspondant au prostome de la gastrula primitive.* Des *organes excréteurs pairs* sont caractéristiques de cette larve.

Chez les *Chétopodes, le lobe postoral de la trochosphère,* qui contient la plus grande partie du tube digestif, s'allonge et *se segmente graduellement,* engendrant ainsi successivement tous les segments du corps, le plus récent étant toujours l'antépénultième. Les ganglions cérébroïdes naissent en *g,* au sommet du lobe céphalique, sans connexion préalable avec les deux plaques médullaires sous-intestinales, *p.m,* qui formeront la double chaîne ventrale.

Les bandes ciliées varient beaucoup en nombre et en position suivant les espèces considérées. Les *organes excréteurs pairs,* situés de chaque côté du tube digestif, consistent chacun en un canal cilié, s'ouvrant à l'extérieur par un orifice et débouchant dans la cavité générale par un, puis par plusieurs entonnoirs ou *pavillons vibratiles* (fig. 52).

La trochosphère des Mollusques (fig. 53) est caractérisée : par le développement du *pied*, *pi*, entre la bouche et l'anus ; par une invagination ectodermique, *r.pa*, du côté dorsal et postérieur en rapport avec la formation de la coquille, *coq* : enfin par le *voile*, *v*, double couronne ciliée, d'abord située au milieu du corps, puis reportée vers la tête (le voile manque chez les Céphalopodes).

3° *Larves des Échinodermes*. — Elles comprennent des formes diverses appelées : *Auricularia* pour les Holothurides (fig. 51, D, D', D''), *Bipinnaria* pour les Astérides (E, E', E''), *Pluteus* pour les Échinides (F) et les Ophiurides. Les Crinoïdes ont une *larve vermiforme* à l'origine.

Ces formes, toutes dotées de la symétrie bilatérale, sont caractérisées extérieurement par une *bande ciliée longitudinale*, *b.p''* (D, D', D'', E, E', E'', F), passant entre la bouche et l'anus ; cette bande a pour origine deux bourrelets ciliés primitifs : l'un situé en avant de la bouche, l'autre placé entre la bouche et l'anus ; les deux bourrelets s'unissent latéralement et constituent la couronne ciliée *postorale* signalée plus haut.

Chez la *Bipinnaria* (E), il se forme une couronne préorale supplémentaire, *b.c.p.*

La bande ciliée de l'*Auricularia* se contourne (D'), puis se partage, par fragmentations successives, en couronnes transversales analogues à celles que présente la *larve vermiforme* des Crinoïdes. Ces couronnes disparaissent à mesure que l'animal passe de la symétrie bilatérale larvaire à la symétrie radiaire de l'Holothurie adulte.

Outre sa double bande ciliée caractéristique, la *Bipinnaria* présente des *bras sans squelette*, dans le cours de son évolution.

Le *Pluteus* des Échinides (F) et des Ophiurides est remarquable par le développement de *paires* de bras entourant la bouche, (1, 2, 3, 4, 5) ; ces *bras sont soutenus par des baguettes calcaires*.

La symétrie radiaire ne devient apparente, chez les types *Bipinnaria* et *Pluteus*, qu'après la résorption des appendices larvaires.

Les formes larvaires des Échinodermes diffèrent de la trochosphère par les caractères suivants :

LARVES D'ÉCHINODERMES.	TROCHOSPHÈRE.
Bourrelets ciliés préoral et postoral	»
Lobe préoral petit,	Lobe préoral très développé,
sans ganglion sus-œsophagien,	avec masse ganglionnaire sus-œsophagienne et organes des sens spéciaux.
sans organes des sens spéciaux.	Organes excréteurs caractéristiques (fig. 52).
»	
Vésicules vaso-péritonéales (fig. 54) provenant de diverticules digestifs.	»

4° **Tornaria**. — *La Tornaria du Balanoglossus* (fig. 51, C) *présente une grande analogie avec la Bipinnaria des Astérides* (E') : double bande ciliée préorale, *b.c.p* et postorale, *b.p''* ; vésicule

aquo-vasculaire provenant d'un diverticule du tube digestif : ce sont là des caractères communs aux larves d'Échinodermes.

La Tornaria se rapproche aussi de la Trochosphère par un lobe préoral important, pourvu d'organes des sens et d'une bande contractile qui, du sommet du lobe préoral, va rejoindre l'œsophage.

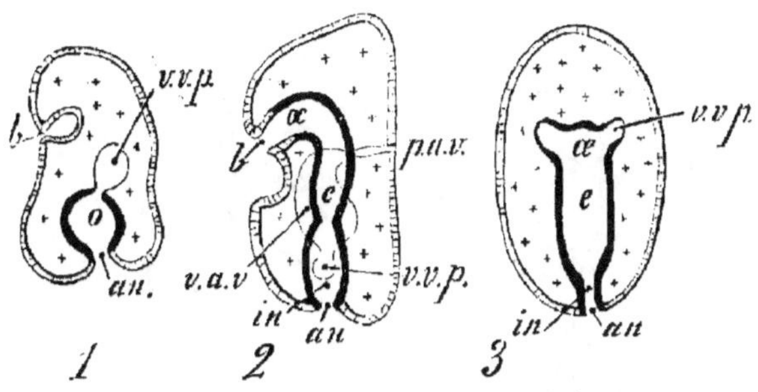

Fig. 54. — Trois stades du développement d'un Échinoderme :
v.v.p, vésicule vaso-péritonéale ; *p.a.v*, pore dorsal du système aquo-vasculaire.

Tels sont quelques-uns des types principaux que nous offre l'évolution des Métazoaires ; se rattachent-ils eux-mêmes à quelque forme ancestrale dérivée de la gastrula et adaptée à la vie pélagique dans des conditions diverses? Nul ne peut l'affirmer avec certitude.

DE L'ACCÉLÉRATION EMBRYOGÉNIQUE OU PRINCIPE DE FRITZ MULLER

La multiplicité des formes larvaires secondaires, distinguées jusqu'à ces dernières années, est due le plus souvent à une *accélération qui se manifeste dans le développement embryogénique* ; c'est ce qu'exprime le principe de Fritz Müller :

La série des phases que présente le développement d'un embryon peut être peu à peu abrégée, parce que l'évolution de l'être parfait tend à se faire le plus vite possible.

M. Giard appelle **pœcilogonie** *la particularité que possèdent certains animaux d'offrir des processus embryogéniques plus ou moins condensés, suivant les* **conditions éthologiques** *où vivent les parents et la* **quantité de réserves nutritives accumulées dans l'œuf.**

Envisageons quelques-uns de ces processus et les différences qu'ils présentent chez des genres et même des espèces parfois très voisins. Les Crustacés et les Hydroméduses vont nous en fournir des exemples particulièrement intéressants.

1° Cas des Crustacés. — Leurs formes larvaires diverses ont reçu les noms les plus variés. Ainsi celles qui se succèdent chez

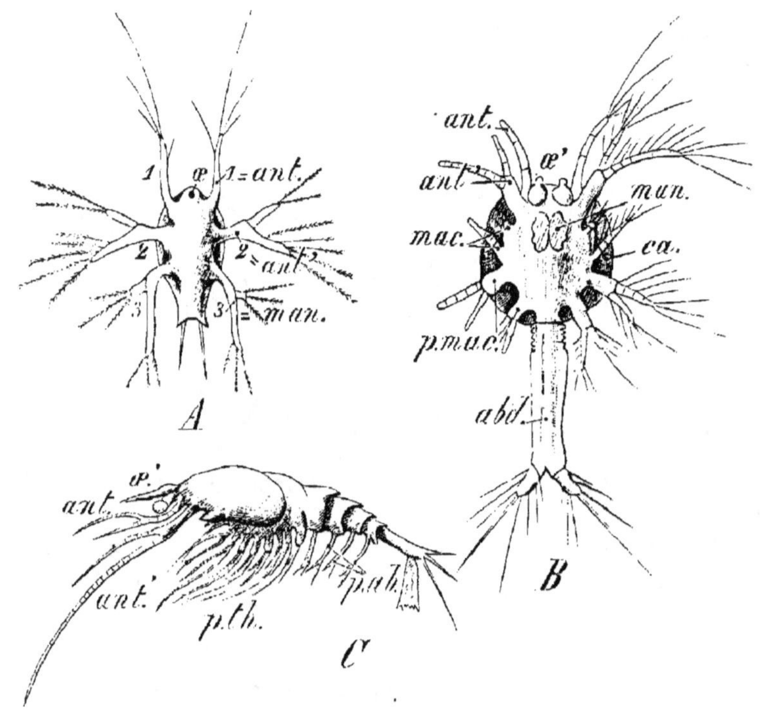

Fig. 55. — Trois stades du développement du *Penæus*. A, *nauplius*. — B, *protozoé*. — C. *zoé*. *œ*, œil primitif frontal ; *œ'*, yeux pédonculés ; *ant*, antennules ; *ant'*, antennes ; *man*, mandibules ; *mac*, mâchoires ; *p.mac*, pattes-mâchoires ; *abd*, abdomen ; *p.th*, pattes thoraciques ; *p.ab*, pattes abdominales.

le *Penæus* s'appellent : *nauplius, protozoé, zoé* et *mysis*, [forme adulte][1] ; celle de la Langouste est le *phyllosome*, [forme adulte] ;

1. Le *Nauplius* du *Penæus* (fig. 55.A) est un petit corps non segmenté, terminé inférieurement par deux épines, pourvu d'un œil frontal, *œ*, simple, médian, et de trois paires d'appendices couverts de longues soies ; la première paire, 1, uniramée formera les antennules de l'adulte, *ant* ; les deux autres paires, bifurquées et locomotrices, 2 et 3, deviendront les antennes, *ant'* et les mandibules, *man*. Après une ou plusieurs mues, le *Nauplius* passe à la forme *Protozoé* (B), caractérisée par le développement du bouclier céphalo-thoracique, *ca* et de l'abdomen allongé, *abd*, muni de deux appendices terminaux. A ce stade *Protozoé*, outre l'œil frontal, se dessinent les yeux pédonculés, *œ'* ; les antennes très développées, *ant'*, sont devenues les organes essentiels de la natation, les mandibules, *man*, ont perdu leurs tiges ; puis viennent deux paires de mâchoires, *mac*, et deux paires de pieds-mâchoires bifides, *p.mac*.

La larve passe ensuite à la forme *Zoé* (C) caractérisée par l'apparition de 6 paires de pieds thoraciques, *p. th*, biramés et des appendices abdominaux, *p.ab*, puis au stade *Mysis* par le développement des poches branchiales à la base des pieds, la disparition de l'œil médian et la conformation définitive des antennes. Du stade *Mysis* à *la forme adulte*, le passage se fait très rapidement.

chez le *Sergestes* on trouve : *protozoé*, *zoé*, *acanthosoma*, *mastigopus*, [forme adulte] ; le Crabe apparaît à l'état de : *zoé*, *mégalope*, [forme adulte] ; etc... Tous les Crustacés inférieurs naissent à l'état de *nauplius*, comme le *Penæus* (qui est une exception parmi les Crustacés supérieurs) ; pourquoi le Crabe apparait-il sous la forme *zoé* qui est déjà la 3e forme larvaire du *Penæus*, et pourquoi l'Écrevisse (*Astacus*) éclôt-elle sous sa forme adulte? C'est que, chez les Crustacés supérieurs, les premiers stades de l'évolution se sont accomplis *dans l'œuf*, et le jeune animal apparait, à l'éclosion, sous une forme variable, d'un genre à l'autre, avec le nombre de mues qu'il a subies.

Ces diverses formes sont, en réalité, *reliées étroitement entre elles et constituent seulement des* **étapes** *entre le* **nauplius (forme larvaire fondamentale des Crustacés)** *et la forme adulte*. On peut observer, en effet, dans l'œuf d'un animal qui éclôt sous une forme larvaire avancée, toutes les phases que traverse à l'état de liberté une espèce voisine naissant à l'état de *nauplius*.

Des observations de cette nature ont été faites sur l'*Ophiothrix fragilis* (Échinodermes) qui pond, *suivant les conditions éthologiques*, des œufs se transformant en *pluteus* parfait ou en *pluteus* imparfait, quelquefois en embryon incapable de nager d'où sortira une Ophiure par développement direct.

Une même espèce de Mouche (*Musca corvina*) présente des œufs et des larves complètement différents aux environs de Saint-Pétersbourg et dans le sud de la Russie.

Parmi les Vers, les genres *Nermestes* et *Tetrastemma*, signalés déjà (page 67), présentent une grande différence à l'éclosion, par suite de l'inégalité des réserves contenues dans l'œuf.

2° Cas des Hydroméduses. — GÉNÉAGÉNÈSE. — Cuvier, avec les naturalistes ses contemporains, considérait les Polypes et les Méduses comme deux groupes absolument distincts, sans aucune affinité. Or, en 1841, Sars fut à même de constater les phénomènes suivants, en observant le développement de la *Medusa aurita* (Aurélie) :

L'œuf de l'Aurélie donne une *parenchymula* ciliée (fig. 56, A) qui nage librement dans l'eau pendant quelque temps, puis se fixe par l'un de ses pôles. A l'autre pôle se produit une bouche, *b* (B), entourée de 4, 8, 16 tentacules (C, D). L'animal est devenu un *Polype* appelé *Scyphistome* qui, grâce à une nutrition abondante, présente bientôt des étranglements annulaires successifs (D). Cette annulation s'accentue, les segments se découpent sur leur bord libre en huit lobes bipartits ; le Scyphistome est devenu un *Strobile* (E), composé d'une pile d'*Ephyra*, *Eph* (F), sortes de petites *Méduses* en forme d'assiettes creuses, *a*, avec une tache oculaire au fond de l'échancrure de chacun des lobes marginaux. Devenues libres, les *Ephyra* grandissent ; leur ombrelle, *omb* (G), s'élargit, leur bord se

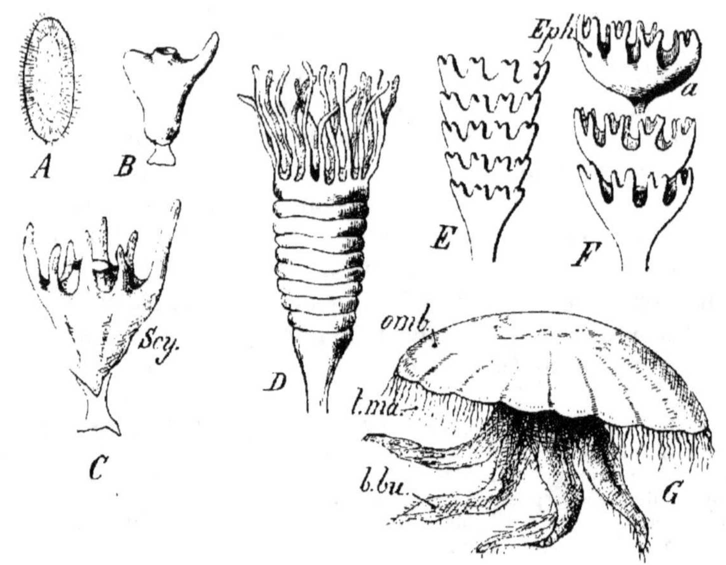

Fig. 56. — Développement d'*Aurelia aurita*. — A, *parenchymula*. — B, C, Scyphistome ; D, strobilation. — E, Strobile. — F, *Ephyra*. — G, Méduse ; *omb*, ombrelle ; *t.ma*, tentacules marginaux ; *b.bu*, bras buccaux.

frange de tentacules marginaux délicats, *t.ma* ; quatre bras, *b.bu*, se développent autour de la bouche. L'*Ephyra* est devenue une grande *Méduse acraspède* (sans velum), appelée *Aurelia*, qui pond des œufs donnant, par leur évolution, autant de larves identiques à la forme primitive A.

Ainsi d'un *Polype hydraire dérive une Méduse.*

Il n'y a pas là de métamorphose à proprement parler, puisque le Scyphistome (*individu*) donne naissance à *un grand nombre d'individus nouveaux* et indépendants.

On admit alors deux générations différentes, alternant avec régularité ; d'où le nom de *génération alternante* qui fut donné au nouveau phénomène signalé.

P.-J. Van Beneden fit remarquer toutefois que les deux modes de développement ne sont pas comparables : les Scyphistomes (Polypes hydraires) émanent directemement d'un œuf fécondé, par *génération sexuée ;* les Méduses résultent d'un bourgeonnement des Hydres, par *génération agame.* Le naturaliste belge substitua le mot *digénèse* au terme inexact de *génération alternante.*

De Quatrefages préférait l'expression *généagénèse,* parce que le mode de génération asexuée des Méduses résulte de l'*accroissement* du Scyphistome ; celui-ci subit un *marcottage,* en quelque sorte.

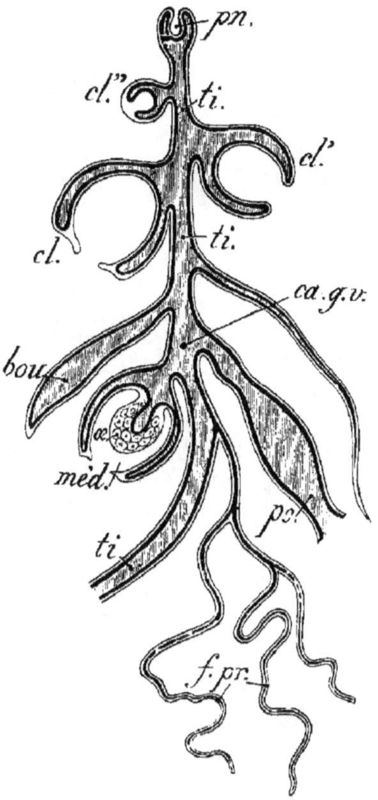

Alors que la fragmentation du Polype hydraire produit, chez les Acalèphes, des individus sexués libres (grandes Méduses) ayant une vie de longue durée, il est d'autres Hydroméduses dont les individus, issus par bourgeonnement d'un Polype primitif, demeurent ordinairement associés en colonies (les *Siphonophores* (fig. 57), par exemple). Mais tous ces bourgeons ou *hydrozoïdes* sont en communication avec le milieu dans des conditions différentes.

Les premiers venus ont dû remplir la fonction d'*individus nourriciers,* fonction qu'ils conservent d'ailleurs pendant toute la durée de leur existence : ce sont des *gastrozoïdes, po,* pourvus d'une bouche

Fig. 57. — Siphonophore (figure théorique). *pn,* pneumatophore : *ti,* tige ; *ca.g.v,* cavité gastrovasculaire ; *cl, cl', cl'',* cloches natatoires ; *po,* polype ; *méd,* méduse renfermant des œufs, *œ* ; *bou,* bouclier ; *f.pr,* filament pêcheur.

sans tentacules et de filaments pêcheurs ou préhensiles, *f.pr,* à leur base.

Les derniers bourgeons, suffisamment nourris par les gastrozoïdes, sont affectés à une fonction nouvelle ; parasites des premiers, ils n'ont que faire d'une bouche et d'appendices préhensiles ; ils se transforment en organismes reproducteurs, *médusoïdes, méd.*

La division du travail est appliquée, même parmi ces organismes nouveaux. Les uns donnent de petites *méduses* en forme de cloche, avec un velum basilaire (Méduses craspédotes) et un manubrium ou battant, contenant des œufs ou des spermatozoïdes,

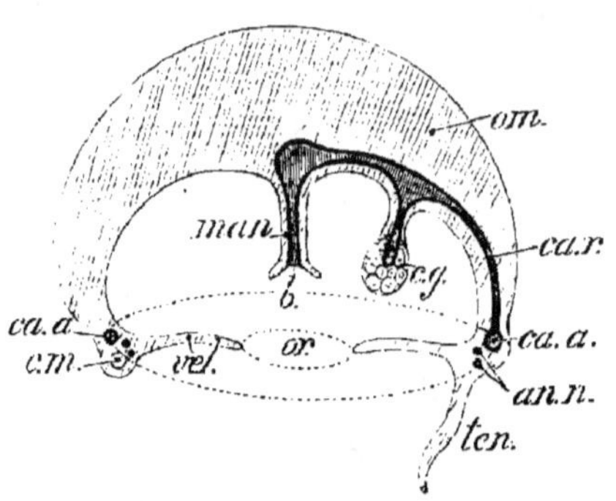

méd; les autres se bornent à de simples cloches natatoires, *cl, cl', cl''*, ou à des flotteurs, *pn*, dont l'ombrelle s'est seule développée.

Les petites Méduses sexuées demeurent le plus ordinairement associées ; mais quand elles deviennent libres (ce qui a lieu pour certaines espèces : *Bougainvillea, Syncoryne, Clavatella*, etc., fig. 58), elles ont atteint presque tout leur développement sur la colonie, ne vivent que peu de temps après leur mise en liberté, émettent leurs œufs et disparaissent.

Fig. 58. — Méduse craspédote (figure théorique). *om*, ombrelle; *man*, manubrium; *b*, bouche; *ca.r.* canal radial; *ca.a.* canal annulaire; *an.n.* anneau nerveux; *ten*, tentacule; *vel*, velum et son orifice. *or* ; *o.g*, produits sexuels.

Là encore, nous constatons un cas de *généagénèse* quelque peu différent du premier.

Dans le 1er cas, en effet, la forme hydraire (Scyphistome) est transitoire et la forme médusaire a une longue durée ; dans le second cas, la forme hydraire atteint la plus longue durée et la forme médusaire est transitoire.

Les diverses phases du développement de ces organismes intéressants, classés parmi les Siphonophores et les Hydroméduses, sont en résumé :

Œuf, *parenchymula*, forme hydraire, bourgeonnement de l'hydrozoïde ou génération agame, différenciation des bourgeons [*gastrozoïdes* nourriciers, *médusoïdes* reproducteurs, cloches natatoires et flotteurs], association continue ou dissociation, séparation des Méduses, ponte des œufs ou reproduction sexuée.

L'accélération embryogénique se manifeste dans le développement de certaines espèces chez lesquelles la *parenchymula* forme de suite, *sans passer par la forme hydraire*, des Méduses qui se relient aux Méduses de grande taille par l'analogie de développement des produits sexués : telles sont les Trachyméduses *Geryonia, Ægina*.

On peut constater l'accélération embryogénique dans une même espèce : suivant que les œufs d'*Aurelia aurita* renferment beaucoup ou peu de réserves nutritives, le Scyphistome donne, par bourgeonnement, une série d'*Ephyra*, ou il n'en produit qu'une seule, d'abord fixée, puis libre qui devient une Méduse.

En résumé, « dans presque tous les groupes du règne animal, dit M. Giard, à côté d'espèces dont l'embryogénie suit un *cours régulier* et la répétition successive et explicite de toutes les formes ancestrales (donnant lieu à des métamorphoses), se trouvent d'autres types, parfois voisins, dont le *développement est abrégé* et *condensé* de façon à laisser peu de place aux vraies métamorphoses.

« Tantôt le 1er cas est la règle (Échinodermes, Insectes à métamorphoses complètes) ; tantôt il est l'exception (Crustacés décapodes dont le *Penæus* est le seul apparaissant sous la forme nauplius). »

Formes où se manifeste la continuation de l'état larvaire.	Formes à embryogénie explicite et régulière.	Formes à embryogénie condensée.
Appendiculaire. ⟶	Ascidie. ⟶	Molgule.
Apus. ⟶	*Penæus.* ⟶	Écrevisse.
Protée. ⟶	Grenouille. ⟶	*Pipa.*
et, en général, chez les Vertébrés :		
Téléostéens. ⟶	Amphibiens. ⟶	Vertébrés supérieurs.

CIRCONSTANCES DANS LESQUELLES LE DÉVELOPPEMENT COMPREND DES MÉTAMORPHOSES

Les métamorphoses accompagnent, en général, un changement dans le genre de vie des êtres qui les subissent.

Elles sont corrélatives :

1° Du passage de la vie libre à la vie sédentaire.

Les formes larvaires si compliquées des Échinodermes se simplifient singulièrement quand, au lieu de vivre en pleine liberté, elles se développent sous la mère (*Asterina gibbosa*), ou fixées à la mère (*Cribrella*, etc.) ; elles se réduisent alors à des formes sphéroïdales pourvues d'appendices courts et peu nombreux.

2° Du passage de la vie libre à la vie parasitaire.

Chez la Lernée parasite (voir t. II, fasc. II, Crustacés), les organes génitaux se développent plus rapidement que les autres et peuvent envahir le corps entier ; au contraire, les organes sensitifs et locomoteurs, devenus inutiles, s'atrophient.

3° Du passage de la vie aquatique à la vie aérienne.

L'étude des métamorphoses du Têtard aquatique, se changeant en Grenouille aérienne, nous a permis d'observer l'atrophie progressive des branchies contrebalancée par le développement des poumons.

4° D'un changement dans le mode de locomotion et de nutrition.

L'apparition des ailes, chez les Insectes, entraine le développement de muscles locomoteurs plus ou moins puissants et la complication du réseau trachéen. De même, le tube digestif des Insectes herbivores diffère notablement du même appareil chez les Insectes carnivores. (Voir t. II, fasc. II, Insectes).

M. Giard a cherché, en 1876, à définir de la manière suivante les conditions qui règlent l'embryogénie des êtres :

Tout animal est soumis, dans le cours de son développement, à l'action simultanée de deux ensembles de forces :

Les unes extérieures, dues aux conditions de milieu ;

Les autres internes, *ataviques*, représentant la somme algébrique des actions exercées par les milieux *sur les ancêtres* de l'animal considéré.

1° *Si*, à un moment donné, *la résultante des forces extérieures l'emporte sur celle des forces intérieures*, chez l'embryon se produiront des modifications profondes constituant ce qu'on appelle *génération alternante*, si la perturbation est assez longue pour permettre à l'animal de se reproduire sous la forme embryonnaire (cas où la larve est soumise à la vie parasitaire ou à l'existence pélagienne).

Généralement, le stade de perturbation n'est pas d'assez longue durée pour permettre la production d'éléments sexuels, et tout se borne à une gemmation plus ou moins compliquée (*Medusa aurita : Ephyra*). Quelquefois, et d'une façon accidentelle (Axolotl, Triton), *les organes génitaux peuvent se développer*.

[**Métamorphoses.**]

2° *Quand la résultante des forces extérieures équilibre celle des forces intérieures*, survient un arrêt momentané du développement, tant que l'équilibre persiste (cas de la *nymphe immobile* des Insectes). Puis, les forces ataviques reprenant le dessus, l'*imago* apparaît, semblable à ses ancêtres, malgré la direction différente imprimée à la larve ou à la chenille par la vie parasitaire.

[**Métamorphoses.**]

3° *Si la résultante des forces ataviques l'emporte sur les actions combinées des conditions d'existence*, il y a condensation et abréviation de l'embryogénie.

[**Absence de Métamorphoses.**]

REMARQUE. — Bien que *la métamorphose implique l'histolyse*, ainsi que nous l'avons indiqué (page 68), il ne faut pas oublier cependant que l'histolyse a une application très générale dans les phénomènes biologiques, sans que, pour cela, il y ait métamorphose ; ainsi la substitution du tissu osseux au tissu cartilagineux est précédée de la régression de ce dernier ; il y a *histolyse du tissu cartilagineux* et *histogénèse du tissu osseux*.

DEUXIÈME PARTIE

COMPLÉMENTS

DU

COURS D'ANATOMIE ET DE PHYSIOLOGIE

I. — GLANDES

§ 1. — GLANDES MAMMAIRES.

La plupart des animaux naissent d'un œuf qui renferme la proportion de matières nutritives nécessaire au développement du jeune jusqu'au moment où, devenu libre, celui-ci puisera au dehors une nourriture analogue à celle de l'adulte.

Chez les *Mammifères*, le nouveau-né exige une alimentation spéciale que lui offre la mère : c'est le *lait*. Peu à peu, les glandes digestives du jeune Mammifère, incomplètement développées à la naissance, acquièrent la propriété de sécréter les principes acides ou salins qui caractérisent les sucs digestifs et rendent possible la dissolution d'aliments variés.

La *lactation* ou sécrétion du lait se manifeste chez la femelle seulement, après l'accouchement; elle dure aussi longtemps que l'*allaitement* du jeune. Le lait est le produit de sécrétion des *mamelles*.

Description des mamelles. — Les mamelles existent dans les deux sexes ; elles se développent seulement chez la femelle, à partir de l'époque de la puberté. Elles forment alors, sauf chez les Monotrèmes, des proéminences plus ou moins accusées, variables comme nombre et comme position avec les espèces considérées.

Nombre des mamelles. — En général, le nombre des mamelles est en rapport avec le nombre moyen des petits d'une même portée : 2 (Homme, Singe, la plupart des Chéiroptères, Rhinocéros, Éléphant, Tapir, Cheval, Cétacés, etc...);

4 (Vache, Lion, Panthère, Loutre) ; 6 (Ours, Raton); 8 (Chat ; 10 (Chien, Lapin, Lièvre, Porc); plus de 10 (Porc quelquefois, Agouti); 8 à 14 (Marsupiaux, où les mamelles sont disposées en cercle autour d'une mamelle centrale). Quelques-uns de ces organes avortent parfois.

Position des mamelles. — Les mamelles sont généralement placées sur la face ventrale. (Un Rongeur de l'Amérique du Sud, le *Myopotamus*, a des mamelles dorsales.) Ancestralement disposées par paires en deux rangées longitudinales, parallèles et symétriques, les mamelles ont conservé ce caractère chez les femelles qui mettent bas un grand nombre de petits; quand le nombre des petits par portée diminue, ce sont les mamelles occupant la partie moyenne des deux rangées qui disparaissent d'abord; puis l'atrophie se poursuit : tantôt à la partie postérieure (les mamelles persistantes sont dites *pectorales*), tantôt à la partie antérieure (les mamelles persistantes sont dites *abdominales, inguinales, vulvaires, anales,* suivant leur position).

	thoraciques : Femme, Singes, Chéiroptères, Éléphant, Tatou, Sirénides.
	abdominales : Quadrupèdes pour la plupart.
Mamelles	inguinales : Cheval, Chameau.
	vulvaires : Cétacés.
	anales : quelques Insectivores (Musaraigne).

En général, les mamelles font saillie et le mamelon également; quelquefois elles sont cachées dans une fossette cutanée : chez le Marsouin, des deux côtés de la vulve se trouve une ouverture en boutonnière pourvue, au fond, d'un mamelon qui fait saillie lorsque le petit a besoin de téter.

Les Mamelles sont situées, chez les Marsupiaux, au fond de la poche marsupiale.

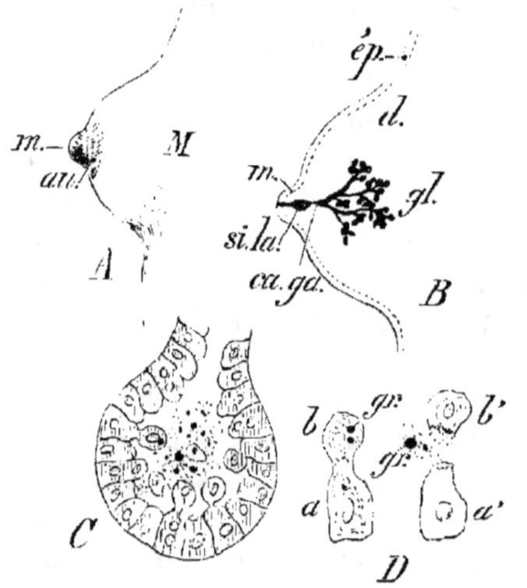

Chez la Femme, les mamelles forment, sur la poitrine, deux proéminences hémisphériques *M* (fig. 59, A), pourvues chacune d'une saillie centrale appelée *mamelon, m;* le mamelon occupe le centre d'une *auréole, au,* dépourvue de poils, tandis que la mamelle est tapissée d'un grand nombre de poils fins.

FIG. 59. — Constitution d'une mamelle et production du lait. — A, mamelle de la Femme, *M*; *m*, mamelon; *au*, auréole. — B, coupe schématique : *ép*, épiderme; *d*, derme; *gl*, glande en grappe : *ca.ga*, canal galactophore; *si.la*, sinus lactifère. — C, acinus glandulaire. — D, *ab, a'b'*, cellule épithéliale subissant la fonte : *gr*, globules gras.

Structure d'une mamelle. — Sous l'épiderme, *ép* (fig. 53, B) qui la revêt, la mamelle présente un derme, *d*, composé de fibres musculaires lisses enveloppant 15 à 20 glandes en grappe, *gl* (fig. 59 et 60); de nombreux vaisseaux sanguins nourrissent abondamment ces glandes, pendant la lactation en particulier. Le tout est réuni par du tissu conjonctif adipeux.

Les fibres musculaires lisses sont très nombreuses dans le mamelon ; en se contractant sous l'influence d'une excitation, de la succion, etc..., elles en provoquent l'érection. Des glandes sébacées, très réduites dans le mamelon, atteignent un grand développement sur toute l'étendue de l'auréole et portent le nom de *glandes lactées erratiques ;* elles sont un diminutif des *énormes glandes sébacées que représentent*, en réalité, *les 15 ou 20 lobes* inclus dans une mamelle.

Chaque lobe mammaire comprend une série d'acini, avec autant de courts canaux excréteurs qui rassemblent le produit de la sécrétion dans un *canal galactophore* commun, *ca.ga* (fig. 59, B). Ce dernier porte une dilatation ou *sinus lactifère*, *si.la.*, avant de s'ouvrir sur le mamelon. Le mamelon est percé d'autant d'orifices qu'il y a de canaux galactophores principaux dans la glande.

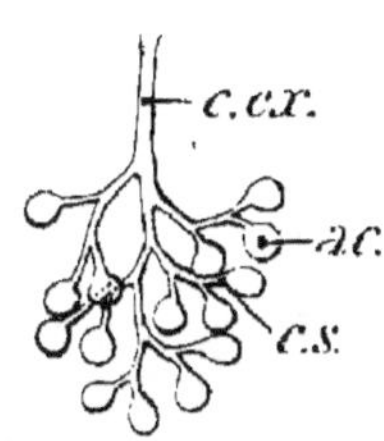

Fig. 60. — Glande en grappe ; *ac.*, acinus ; *c.s.*, canal excréteur de l'acinus ; *c.ex.* canal excréteur de la glande.

LAIT.

Mode de production du lait. — Chaque lobule de la glande mammaire possède un revêtement épithélial à cellules élevées (C). Ces cellules s'allongent encore, *a b* (D), et forment, dans le cul-de-sac du lobule, une saillie de plus en plus étranglée, *b*, puis libre, *b'*. Les éléments ainsi indépendants renferment des globules graisseux, *gr*, et leur protoplasma se liquéfie. *Le lait résulte de cette fonte épithéliale et s'engage dans les canaux galactophores*.

Le mode de production du lait est le plus facile à observer : soit au moment où la glande mammaire commence à sécréter le lait après la *parturition* (accouchement), soit à l'époque où cesse l'allaitement.

Le premier lait ou *colostrum* renferme, en effet, des cellules dont la fonte est incomplète et qui contiennent de nombreuses gouttes de graisse ; quand la sécrétion est normalement établie, les cellules disparaissent, les globules graisseux subsistent seuls.

Composition du lait. — Le lait de la Femme est un liquide blanc, une *émulsion naturelle*, dont l'opacité est due aux globules butyreux en suspension, au nombre de 1 million environ par millimètre cube.

Abandonné au repos dans un endroit frais (10 à 15°), le lait se sépare en deux couches : l'une, supérieure, est la *crème* formée par la réunion des corpuscules graisseux, moins denses que le liquide et rassemblés à la surface ; l'autre est un liquide blanc bleuâtre, *lait écrémé*. On peut faire plus rapidement cette séparation par le barattage : l'agitation violente du lait a pour effet d'unir entre eux les corpuscules en une masse solide, le *beurre*.

Composition centésimale moyenne du lait.

	FEMME.	VACHE.	ANESSE.	JUMENT.	CHÈVRE.
Eau.....................	87,7	85,2	90,12	82,81	79,5
Albuminoïdes (*Caséine*, etc.)	2,12	4,87	2,03	1,61	8,8
Corps gras..............	4,5	4,03	1,55	6,87	8,65
Sucre de lait...........	5,5	5,5	5,8	8,65	2,73
Sels...................	0,18	0,4	0,5		0,32

Ces divers principes sont des produits d'élaboration des cellules sécrétrices des glandes mammaires, aux dépens des matériaux que leur apporte le sang. (Voir tome Iᵉʳ, p. 159.)

Ainsi qu'on peut le voir, le lait renferme toutes les catégories de matières alimentaires propres à assurer le développement du nouveau-né, c'est même, pour le jeune, un *aliment complet*. (Voir tome Iᵉʳ, p. 32-36.)

Caséine. — La majeure partie des matières albuminoïdes du lait est représentée par la *caséine* qui s'y trouve sous forme de *caséinate alcalin ou alcalino-terreux*, peut-être même unie aux phosphates (?). La caséine semble résulter de la désagrégation et du gonflement, par l'eau, du protoplasme ayant pour origine l'épithélium spécifique de la glande mammaire ; elle paraît être, dans le lait, à l'état d'un léger mucilage.

Le lait, filtré par aspiration à travers l'argile cuite ou le biscuit de porcelaine, fournit une liqueur transparente sans caséine (contenant seulement un peu d'albumine coagulable à chaud, du sucre de lait et des sels). Sur le filtre se dépose une *matière insoluble* qui, privée de ses graisses par l'éther, forme une couche translucide et cornée (mélange de *caséine* et de *nucléine*).

La caséine est séparée du lait : par l'action d'un acide (acide acétique, chlorhydrique, etc...); par la *présure* ; sous l'influence de *microbes*. On dit que le lait est *coagulé*.

Coagulation du lait. — 1° *Action des acides*. — Un acide ajouté au *lait frais* détermine la décomposition des caséinates alcalins ou des caséino-phosphates, avec formation de grumeaux de caséine qui entraînent les globules laiteux et diverses granulations. On lave à l'eau, puis à l'éther qui dissout les graisses.

2° *Action de la présure*. — La présure ou *chymosine* est un ferment contenu dans le suc gastrique des adultes et dans l'estomac des jeunes animaux.

On peut la préparer ainsi à l'aide de la caillette du Veau : on dissout par l'eau acidulée la pepsine que renferme la caillette; le liquide obtenu est traité par l'acétate neutre de plomb qui ne précipite pas la présure. On sépare cette dernière, dans la liqueur filtrée, par le sous-acétate de plomb ; le précipité obtenu est additionné d'eau acidulée à 2 pour 1000 d'acide sulfurique; un excès d'alcool y précipite le ferment.

L'existence de la chymosine dans l'estomac n'est pas liée à celle de l'acide chlorhydrique ou de la pepsine ; la présure subsiste en présence de l'acide chlorhydrique faible, mais elle est détruite dès que le milieu est légèrement alcalin.

La présure transforme le lait en un caillot massif à 35° ou 40°; au-dessous de 15°, son action est nulle; la température de 70° suffit à détruire ce ferment.

$$\text{Lait coagulé.} \begin{cases} \text{Caillot } (Coagulum) \dots \dots \begin{cases} \text{Caséine.} \\ \text{Matières grasses.} \end{cases} \\ \text{Liquide } (Sérum \text{ du lait) ou } petit\text{-}lait. \begin{cases} \text{Eau.} \\ \text{Lactose (Sucre de lait).} \\ \text{Sels.} \end{cases} \end{cases}$$

La pepsine pure ne modifie pas le lait; comme le suc gastrique du jeune Mammifère, même neutralisé, le coagule, c'est qu'il contient de la présure.

Transformations du lait dans l'organisme jeune. — Le lait subit deux transformations successives sous l'influence des ferments contenus dans les sucs digestifs :

1° La *coagulation* de la caséine par la présure du suc gastrique ;

2° La *liquéfaction* de la caséine et sa transformation en *caséine-peptone* soluble, sous l'influence de la *caséase* du suc pancréatique.

Chez les Mammifères jeunes, immédiatement après la naissance, le suc gastrique contient de la présure seulement; puis apparaît peu à peu la pepsine, tandis que la présure diminue. [A l'âge de 8 mois, chez l'enfant, la présure a totalement disparu.] La coagulation du lait chez les Mammifères adultes est due à l'acide chlorhydrique du suc gastrique.

Ni la présure, ni le suc gastrique ne peuvent digérer la caséine qu'ils ont coagulée ; ce rôle échoit à la caséase, ainsi que le montrent les expériences suivantes :

La présure, comme le suc gastrique, coagule le lait, mais ne le digère pas. — Dans un ballon Pasteur (fig. 61) stérilisé à 250° (voir tome Ier, p. 496), on introduit du lait également stérilisé dans l'étuve à 110° et de la présure.

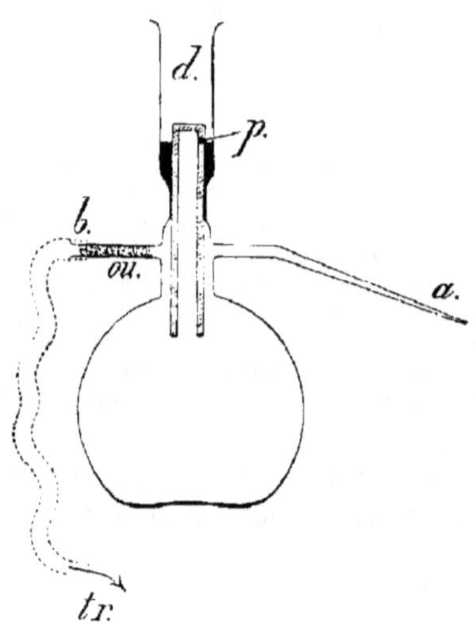

FIG. 61. — Ballon Pasteur: *d*, entonnoir ; *p*, filtre en porcelaine ; *b*, tube avec ouate, *ou* ; *tr*, trompe à vide ; *a*, tube effilé et fermé.

A cet effet, l'ouverture du tube *b*, masquée d'ouate, *ou*, est mise en communication avec une trompe à eau faisant fonction d'aspirateur ; on plonge l'extrémité du tube fermé et effilé *a* dans le lait stérilisé, puis on casse la pointe de ce tube ; de la présure est aussi versée dans l'entonnoir *d*.

L'aspiration effectuée par la trompe provoque : d'une part, l'arrivée du lait dans le ballon ; d'autre part, la filtration de la présure à travers le tube de porcelaine *p*.

Le lait se coagule, mais le mélange demeure intact à partir de ce moment.

Une expérience identique peut être faite en remplaçant la présure par du suc gastrique.

Le suc pancréatique digère la caséine coagulée. — Comme il est difficile de stériliser le suc pancréatique, M. Duclaux, à qui nous sommes redevables de magnifiques recherches sur le lait, prend le pancréas lui-même :

Sur un animal qui vient d'être sacrifié, on prend, à l'aide d'une pince flambée, un petit fragment de pancréas qu'on flambe légèrement aussi, puis qu'on introduit rapidement dans du lait stérilisé et coagulé comme ci-dessus : au bout de quelque temps, la caséine est transformée en peptone dont on peut reconnaître tous les caractères.

3° **Action des ferments.** — Parmi les microbes, soit aérobies, soit anaérobies (voir tome Ier, p. 495), qui agissent sur le lait abandonné à l'air, les uns le coagulent, puis le digèrent ; les autres l'altèrent, le putréfient ; quelques-uns lui communiquent une certaine coloration.

Ferments aérobies. — Le *Tyrothrix tenuis*, semé sur du lait, élabore la présure qui coagule ce liquide, puis la caséase qui dissout le coagulum; mais bientôt apparaît du valérianate d'ammonium avec de la leucine, de la tyrosine, etc.

Les *Tyrothrix geniculatus, distortus, filiformis*, etc... transforment le lait en un liquide louche, avec formation d'acétate et de valérianate d'ammonium.

Ferments anaérobies. — Dans cette catégorie de ferments, M. Duclaux a signalé : les *Tyrothrix urocephalum* et *claviformis* qui putréfient le lait avec dégagement de gaz (II, Az, CO^2); le *Tyrothrix catenula* qui y développe de l'acide butyrique, etc.

Parmi les microbes qui colorent le lait, on peut signaler le *Bacillus prodigiosus* et le *Bacterium erythrogenes* qui le rougissent, le *Bacillus cyanogenes* qui colore en bleu le lait préalablement acidulé.

Conservation du lait. — Concentré dans le vide ou enfermé dans des boîtes scellées et porté à 120°, le lait peut se conserver longtemps, surtout s'il a été préalablement bien sucré.

Principaux sels du lait. — On retrouve dans les cendres du lait les sels que renfermait ce liquide; la proportion en est de 6 grammes environ par litre dans le lait de la Femme (9 grammes dans celui de Vache). Parmi ces principes figurent : les *chlorures de sodium* (1,35) et de *potassium* (0,41), les *phosphates de calcium* (3,95), *de magnésium* (0,27), *de sodium et de fer* (traces), des traces de *fluor*, de *silice*, etc...

Petit-lait. — Le sérum ou petit-lait, qui reste après la séparation du coagulum, est un liquide clair et opalescent. Il contient de la *lactalbumine* (non précipitable par la présure et les acides, mais coagulable par la chaleur), tout le sucre et tous les sels minéraux du lait (sauf les phosphates terreux combinés en majeure partie à la caséine), des traces de matières grasses, d'urée, d'alcool, d'acides organiques (acides lactique, acétique, etc...).

		Pour 100
	Eau	93,30
Composition du	Albuminoïdes	1,05
petit-lait	Sucre de lait	4,40
(Fleischmann).	Acide lactique	0.33
	Graisses	0,10
	Matières minérales	0,82

§ 2. — GLANDES INFLUANT SUR LA NUTRITION GÉNÉRALE.

Certaines glandes, considérées longtemps comme des organes atrophiés et ne jouant plus aucun rôle dans l'économie, ont appelé récemment l'attention des physiologistes ; ceux-ci ont été frappés de voir les effets qu'entraîne, sur divers animaux, l'ablation partielle ou totale du *corps thyroïde*, du *thymus*, des *capsules surrénales*, voire du *pancréas* (ce dernier étant considéré en dehors de sa fonction essentielle comme glande digestive).

(a). CORPS THYROÏDE.

Origine et évolution. — Le *corps thyroïde* (glande thyroïde, fig. 62, A, *g.th*) naît, chez l'embryon humain, d'un diverticule creux du pharynx, *Ph* (B), sur la face ventrale et au point de bifurcation de la paire antérieure d'arcs aortiques. Bientôt cette excroissance se transforme en une masse solide de cellules qui se sépare du pharynx et vient se placer sur la face ventrale du larynx, au-dessous du cartilage thyroïde (pomme d'Adam) ; elle s'étend même en avant de la trachée-artère. Le corps thyroïde se divise incomplètement en deux lobes réunis par un isthme médian ; le tissu conjonctif qui l'enveloppe forme une capsule de la face interne

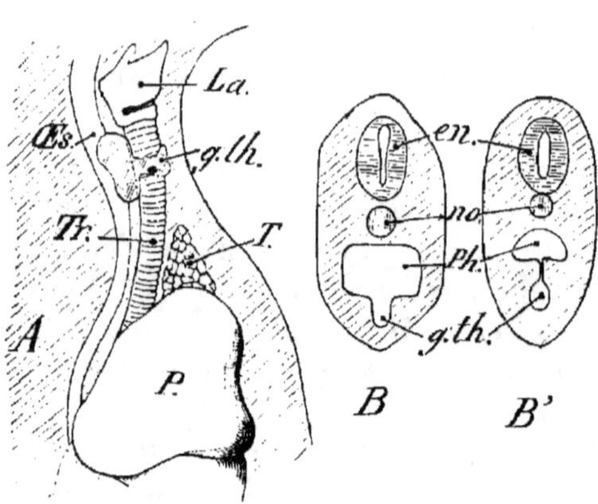

Fig. 62. — A. corps thyroïde, *g.th* et thymus, *T*, chez le Chat. *Tr*, trachée-artère ; *P*, poumons ; *Œs*. œsophage ; *La*, larynx. — B. B'. origine du corps thyroïde (gouttière hypopharyngienne) chez la larve de *Petromyzon ; Ph*, pharynx ; *no*, notochorde ; *en*, encéphale.

de laquelle partent des cloisons nombreuses qui divisent la masse cellulaire en follicules ramifiés et creux.

Cette glande primitive, dont le canal excréteur a disparu[1], est capable de sécréter une matière *colloïde* qui remplit les vésicules creuses. Quand cette sécrétion est exagérée, la glande thyroïde s'hypertrophie et donne lieu au *goitre*, excroissance de la gorge dont les dimensions sont parfois considérables.

Le corps thyroïde se rencontre chez tous les Vertébrés ; impair au début chez l'embryon, presque toujours divisé en deux lobes dans la suite, il apparaît chez tous comme une *gouttière hypopharyngienne*, largement ouverte dans le pharynx d'abord, puis transformée peu à peu en un organe pourvu d'un canal rétréci et de prolongements antérieurs et postérieurs ; ces sortes de cornes deviennent autant de follicules glandulaires, en partie résorbés chez l'adulte.

Chez l'*Amphioxus*, on trouve également la gouttière hypopharyngienne homologue de l'*endostyle* des Ascidies.

1. Le *trou borgne* de la langue (voir tome Ier, page 250, fig. 227) paraît être la terminaison de ce canal dans la bouche.

Effets de l'atrophie ou de l'ablation du corps thyroïde. — Des observations récentes ont montré que l'atrophie du corps thyroïde chez l'Homme est accompagnée d'une altération profonde de la nutrition avec dépérissement, bouffissure de la peau, engorgement du derme par une sérosité abondante et épaisse.

Des phénomènes identiques se manifestent chez les personnes opérées du goitre; au bout d'un temps plus ou moins long, des troubles cérébraux surviennent chez ces malades dont les facultés intellectuelles s'éteignent. Vertiges, convulsions, inconscience, arrêt de développement du corps : tels sont les effets de l'ablation du goitre.

Frappés de l'analogie de tels faits qui sont la conséquence de l'atrophie du corps thyroïde ou de l'ablation du goitre, les physiologistes ont procédé à des expériences d'ablation partielle ou totale de la glande chez les animaux; les résultats acquis jusqu'à ee jour sont les suivants :

1° L'ablation partielle du corps thyroïde chez le Chien n'est suivie d'aucun accident.

2° L'ablation totale est suivie de torpeur, puis d'accès convulsifs; la mort survient à bref délai.

3° L'animal demeure bien portant après l'ablation totale si, de temps à autre, on lui injecte dans le sang le liquide obtenu en exprimant le corps thyroïde d'un autre Chien.

Il est difficile d'interpréter, quant à présent, le mode d'action de la glande thyroïde sur les actes de la nutrition générale; il semble toutefois, en raison des troubles nerveux que provoque sa suppression, que cet organe élimine de l'organisme, par l'intermédiaire du sang, quelque *leucomaïne*, poison analogue à ceux que nous rejetons constamment par les voies urinaire et respiratoire.

(b). THYMUS.

Placé, comme le corps thyroïde, à la partie antérieure de la trachée-artère et pénétrant même un peu dans la cavité thoracique, au-dessus des poumons, le *thymus*, T (fig. 62, A) est une excroissance ayant pour origine l'épithélium d'une paire des fentes viscérales constatées chez l'embryon (fig. 42, A et B). Il est formé de deux lobes, pleins chez l'adulte, ayant extérieurement l'aspect de grains chez le Veau et les jeunes Ruminants : d'où son nom de *ris de veau*. Son tissu est gorgé de cellules lymphatiques.

Bien développé pendant la période fœtale, le thymus continue à grossir chez l'enfant jusqu'à l'âge de deux ans, puis il perd de son importance et s'atrophie complètement ou à peu près chez l'adulte.

Le thymus est représenté chez tous les Vertébrés. Plus allongé chez les Oiseaux et les Crocodiles que chez les Mammifères, il s'y étend tout le long du cou, du péricarde jusqu'à la mâchoire inférieure. C'est un petit tubercule chez les Amphibiens : le même organe est contenu dans la cavité branchiale des Poissons.

La fonction du thymus est encore inconnue.

(C). CAPSULES SURRÉNALES.

Origine et évolution. — Leur nom de *capsules surrénales* indique que ces organes, *C.sur.* (fig. 63), sont situés au-dessus des reins qu'ils coiffent à la manière d'un casque chez l'Homme.

Quand on suit le développement des Vertébrés amniens (Mammifères, Oiseaux et Reptiles), on remarque que *les capsules surrénales dérivent des ganglions sympathiques et de cellules mésodermiques indifférentes.* Ces organes comprennent donc deux sortes d'éléments :

1° Des cordons irréguliers de cellules mésodermiques remplies de globules d'aspect graisseux forment la couche corticale des capsules.

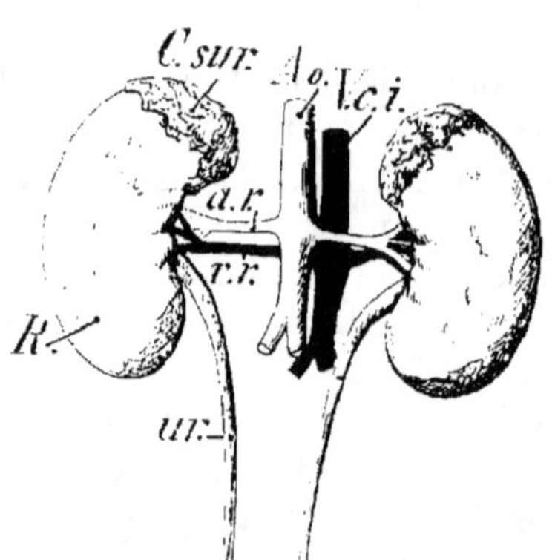

Fig. 63. — Capsules surrénales. *C.sur.*
R. rein.

2° Des amas de cellules brunes, abondantes dans la substance médullaire, principalement du côté dorsal, dérivent des ganglions sympathiques.

Les Poissons Sélaciens possèdent une série de corps pairs, homologues des capsules surrénales, dérivés des ganglions sympathiques, et en outre un corps impair d'origine mésoblastique.

Fonction des capsules surrénales. — Il est difficile de se prononcer sur le rôle de ces organes, rôle incontestable cependant, puisque la suppression de l'une des capsules, chez un animal, entraîne l'hypertrophie de l'autre : cette dernière a donc double travail à effectuer.

L'ablation simultanée des deux capsules détermine, dans le sang du patient, l'apparition et l'accumulation d'un poison dont l'effet sur l'économie est la paralysie générale, effet comparable à celui du curare.

Les capsules surrénales paraissent donc être des glandes à rôle défensif, des organes chargés de l'élimination d'une substance toxique, au même titre que le foie signalé déjà. (Voir tome Ier, page 173.)

(d). PANCRÉAS.

Des expériences récentes effectuées sur le Chien ont montré que le pancréas, outre sa propriété de sécréter un suc digestif riche en pancréatine (voir tome Ier, pages 58-59), joue un rôle important dans l'assimilation des matières sucrées.

La suppression *totale* du pancréas provoque, chez l'animal opéré, une sorte de *diabète* (apparition de sucre dans les urines), avec amaigrissement rapide, faiblesse générale suivie de mort. La suppression *partielle* du pancréas, même avec celle du canal excréteur de la glande (canal de Wirsung), n'entraîne pas ces phénomènes; le diabète ne se manifeste pas chez le Chien en expérience.

Quelle est la signification de ces faits? De quelle manière le pancréas contribue-t-il à l'utilisation du sucre contenu dans le sang? Sécrète-t-il un composé organique dont la combinaison avec le glucose en permet l'assimilation plus rapide par la cellule animale? De nouvelles expériences sont nécessaires pour jeter la lumière sur ce sujet encore obscur.

II

ORGANES PRODUCTEURS de LUMIÈRE et d'ÉLECTRICITÉ

§ 1. — ORGANES PHOTOGÈNES.

La *fonction photogénique* ou *luminosité est une fonction physio-logique et générale* (car elle s'étend aux plantes comme aux animaux), *indépendante de la nature des organes où elle s'exerce, placée sous la dépendance étroite du protoplasme des cellules qui engendrent le phénomène.*

Les exemples qui suivent confirment en effet ces données.

Organismes photogènes. — La fonction photogénique a été observée : chez certains êtres vivants des plus élémentaires (quelques *Bactériacées* parmi les plantes, *Noctiluques* parmi les animaux); chez les organismes végétaux plus élevés, mais *dépourvus de chlorophylle* (certains *Champignons,* fleurs jaunes du Souci, de l'OEillet d'Inde, etc.); chez des animaux appartenant à tous les degrés de la série : *Isis, Gorgones, Pennatules, Pelagia noctiluca, Cydippes, Béroés,* etc., parmi les Cœlentérés; *Brisinga,* parmi les Échinodermes; *Balanoglossus* (Entéropneustes); *Photodrilus* et certaines *Annélides,* parmi les Vers ; quelques Crustacés ; de nombreuses espèces d'Insectes dont *Lipura noctiluca, Lampyris noctiluca, Pyrophorus,* etc...; plusieurs Mollusques : *Æolis, Hyalæa, Phyllirhoe, Pholas dactylus;* les *Appendiculaires,* les *Pyrosomes,* des *Salpes,* etc... parmi les Tuniciers ; quelques espèces de *Poissons.*

Nombre d'animaux, autres que les précédents, ne sont pas lumineux par eux-mêmes et le deviennent parce qu'ils sont envahis par des parasites photogènes.

Description des organes photogènes. — Le *Photobacterium Sarcophilum* (fig. 64, A) est une Bactériacée qu'on peut obtenir à l'état de pureté, en culture sur bouillon de gélatine-peptone additionné de 4 pour 100 de sel marin. Cette Bactérie, dont les dimensions varient entre 1 et 4 μ, affecte diverses formes (micrococoque, virgule, filament), sans cesser d'être lumineuse ; elle envahit la viande des Mammifères.

Les Photobactériacées communiquent le pouvoir photogénique :

soit aux cadavres sur lesquels elles brillent jusqu'au moment de la décomposition, soit à des animaux (Pholades, Pélagies) avec qui elles vivent en symbiose, soit même à des liquides (urines, sueur, humeurs des plaies) qui constituent un excellent milieu de culture.

Le mycélium photogène de l'*Agaricus melleus* communique cette propriété aux débris végétaux qu'il pénètre et dont il se nourrit. Nombre d'autres Agarics exotiques jouissent de la même faculté.

La propriété d'émettre de la lumière est inhérente au protoplasme et non le résultat d'une sécrétion : en effet, un bouillon de culture,

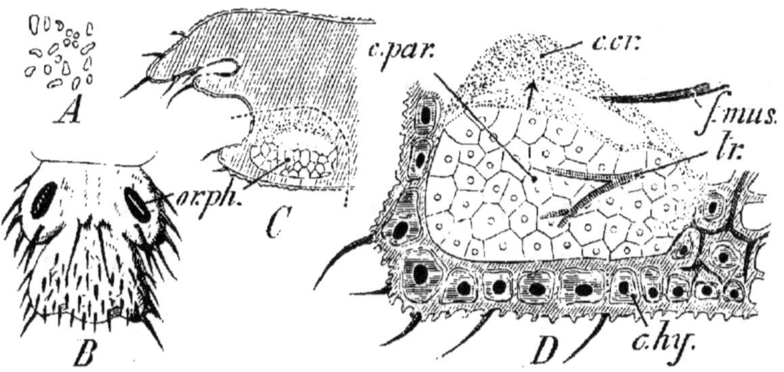

Fig. 64. — Organismes photogènes. — A, *Photobacterium Sarcophilum*. — B, organes photogènes, *or.ph*, de la larve de Lampyre noctiluque. — C, coupe d'un de ces organes, fortement grossie en D. *c.par*, couche parenchymateuse ; *c.cr*, couche crayeuse ; *f.mus*, faisceau musculaire ; *tr*, trachée.

lumineux par les Photobactériacées qui y pullulent, devient obscur dès que, par son passage à travers un filtre de porcelaine, il a été séparé de ces êtres.

L'étude histologique des organes photogènes des animaux conduit à la même conclusion.

Chez *Noctiluca miliaris*, Flagellé auquel est due souvent la *phosphorescence de la mer* (comme l'on dit encore *inexactement*), le pouvoir photogénique appartient à des granulations très réfringentes du protoplasme. La Noctiluque, qui semble, à l'œil nu, une source unique de lumière, se résout, à un grossissement suffisant, en une multitude de points lumineux qui correspondent aux granulations précitées. Ces mêmes granulations se retrouvent dans toutes les régions photogènes de la *Pelagia noctiluca* (surface externe, canaux radiaires, etc.) ; les cellules qui les renferment produisent, en se désagrégeant, un mucus qui demeure lumineux pendant quelque temps.

Dans l'organe photogène du Lampyre noctiluque (fig. 64, C et D), on distingue deux couches : l'une inférieure, *c.par*, composée de cellules granuleuses ; l'autre supérieure, opaque et crayeuse, *c.cr*, formée de *granulations cristalloïdes* très réfringentes qui résultent de la désagrégation des cellules précédentes. La respiration active des organes photogènes est assurée par les nombreuses trachées qui y aboutissent, *tr*; des faisceaux musculaires, *f.mus*, soumis à l'influence de la volonté de l'animal, règlent par leurs contractions l'irrigation sanguine et la nutrition des mêmes organes.

En outre, les éléments photogènes sont directement excitables par des agents mécaniques, physiques et chimiques qui peuvent, suivant les cas, y faire jaillir la lumière ou l'éteindre lorsqu'elle est produite.

MÉCANISME DE LA FONCTION PHOTOGÉNIQUE

1° **Couleur de la lumière physiologique.** — La lumière engendrée par l'activité des organismes photogènes présente une *couleur* variable : avec les espèces, chez une même espèce avec les conditions de milieu, chez un même individu parfois.

La couleur de la lumière émise est variable avec les espèces. — Ainsi les Photobactériacées apparaissent d'un blanc d'argent, sont quelquefois bleuâtres, vertes ou orangées ; il en est de même des Champignons (*Agaricus olearius*, blanc ; *Agaricus igneus*, bleu). Parmi les animaux, le Balanoglosse émet une lumière vertémeraude ; celle du Lampyre est bleuâtre ; celle de la Luciole est blanche avec des reflets jaune d'or.

La couleur de la lumière varie chez un même individu photogène. — Chez certains *Gorgonidés*, la lumière prend rapidement et sans interruption la plupart des teintes du spectre ; il en est de même des *Pyrosomes* soumis à une forte excitation : le *Pyrosoma atlanticum*, d'abord rouge, devient successivement aurore, orangé, verdâtre et enfin bleu foncé.

Ces variations de la lumière émise par un même individu paraissent correspondre à un état de fatigue, à certaines variations dans la composition du sang : ainsi l'injection d'éosine dans le sang d'un Pyrophore en fait passer la lumière, préalablement verte, à la nuance rose.

2° **Analyse de la lumière physiologique.** — La lumière des Photobactériacées, des Champignons et de la plupart des animaux marins est d'intensité tellement faible que l'analyse spectroscopique n'en peut être faite ; on voit cependant que cette lumière est polychromatique. Par contre, la lumière des Insectes donne un beau spectre continu dont les diverses radiations sont nettement visibles. Le spectre du *Pyrophorus noctilucus* est compris entre les raies *B* et *F* du spectre solaire avec maximum d'intensité dans le jaune verdâtre, au voisinage de la raie *E*. Ce spectre n'a rien de commun avec celui du phosphore en combustion dans l'oxygène ou l'hydrogène [le mot *phosphorescence* n'est donc pas synonyme de *luminosité*].

M. R. Dubois pense qu'il existe dans le sang des Pyrophores une substance fluorescente, la *pyrophorine* (non isolée d'ailleurs), qui, diminuant la réfrangibilité de certaines radiations ultra-violettes, les transforme en radiations lumineuses rejetées dans la région moyenne du spectre : telle serait la raison de l'éclat particulier présenté par la lumière verte du Pyrophore.

En outre, les radiations chimiques contenues dans ce spectre, quoique faibles, sont suffisantes pour décomposer les substances sensibles à l'action de la lumière : une plaque photographique au gélatino-bromure est impressionnée en *cinq minutes* par l'organe photogène ventral du Pyrophore, tandis qu'avec la lumière solaire il suffit d'une *fraction de seconde*.

Origine de la lumière physiologique. — La production de lumière ne dépend ni de la structure de l'organe photogène, ni de son fonctionnement, car l'organe photogène du Lampyre desséché et broyé émet encore de la lumière quand on humecte d'eau le résidu ainsi obtenu.

Si l'on suit, à l'aide du microscope, l'évolution d'une cellule lumineuse de la Pholade dactyle à mesure que s'épuise son pouvoir photogénique, on voit que *le noyau cellulaire se désagrège en une foule de granulations qui, de la forme sphéroïdale et de l'état colloïdal, passent peu à peu à l'état radio-cristallin :* c'est la marche normale des transformations éprouvées par tout protoplasme qui se désassimile. Ici la matière protoplasmique photogène perd sa nature colloïdale avec l'énergie qu'elle rayonne ; mais *cette matière photogène est capable de survivre à l'animal et peut continuer à briller pendant quelque temps après sa mort.*

La conservation de la matière photogène ne peut être indéfinie, ainsi que le montrent les faits suivants : des organes lumineux, desséchés à l'étuve à 36°, sont épuisés par l'alcool absolu, puis par l'éther froid à 60°. Ainsi traités, ces organes redeviennent lumineux au contact de l'eau, après un temps plus ou moins long, mais non indéfini.

La matière photogène, comme beaucoup de micro-organismes, résiste à la température de 120° en milieu sec ; elle ne peut briller quand elle a été portée à 60° en milieu humide.

Depuis la température de sa congélation, la matière photogène émet une lumière de plus en plus intense jusqu'à 35°, constante de 35° à 55°, décroissante jusqu'à 60°, température à laquelle elle s'éteint. Les *réactifs oxydants* (oxygène, ozone, eau oxygénée) n'augmentent pas l'intensité lumineuse et peuvent même la détruire ; les *agents réducteurs* (H, H²S, sulfites) la suspendent : les solutions d'acides et de bases énergiques et les antiseptiques l'éteignent, ainsi que les réactifs qui coagulent l'albumine.

En résumé, *le phénomène photogénique n'exige pour s'accomplir ni l'intégrité de l'organe lumineux, ni celle des éléments cellulaires. Grâce à son activité physiologique, la cellule capable de luminosité forme la substance photogène qui, une fois produite, peut briller ou s'éteindre indépendamment de l'élément anatomique originel, et seulement suivant les modifications du milieu ambiant.*

Les conditions de milieu nécessaires à la luminosité sont : l'eau, l'oxygène et une température convenable (toutes conditions fondamentales pour l'entretien de la vie). Toute cause, capable de suspendre ou de supprimer l'activité protoplasmique, suspend ou supprime la fonction photogénique

La photogénie est donc un phénomène complexe : de nature physique en ce qu'il y a dégagement de lumière ; de nature chimique par la transformation d'une matière colloïdale en substance cristalline ; de nature physiologique, par suite de l'évolution du noyau de la cellule photogène, noyau résolu en granulations protoplasmiques par désassimilation.

Utilité de la fonction photogénique. — Le fait que l'œuf et la larve (fig. 64, B) du Lampyre, l'embryon du Béroé encore renfermé dans l'œuf, etc... possèdent déjà le pouvoir photogénique, prouve que *cette fonction, transmissible de génération en génération, est une propriété ancestrale,* perdue peut-être par l'*adaptation* de certaines espèces à des conditions de milieu particulières.

Remarquée ordinairement chez des animaux marins et fréquemment chez les espèces des grandes profondeurs, la luminosité paraît s'y être perpétuée parce que ces êtres sont normalement plongés dans l'obscurité; or la lumière leur est utile, temporairement au moins, pour chercher leur nourriture, effrayer leurs ennemis et faciliter leur accouplement. Il n'en est pas tout à fait ainsi pour les animaux adaptés à la vie aérienne qui vaquent à leurs occupations pendant le jour, le plus souvent.

Peut-être aussi la fonction photogénique est-elle ignorée encore chez bien des êtres vivants, parce que nos moyens d'investigation sont encore trop imparfaits pour nous permettre de reconnaître une faible émission de lumière? Il n'y aurait pas lieu de s'étonner qu'elle fût aussi générale, étant donné que la lumière, au même titre que l'électricité et la chaleur, est une forme de l'énergie.

§ 2. — ORGANES ÉLECTRIQUES.

Les nerfs et les muscles produisent de l'électricité. —

1° Si l'on sectionne un nerf, *n* (fig. 65, A), dont on réunit ensuite la surface *a* à un point quelconque *b* de la section par un fil métallique sur le trajet duquel est interposé un galvanomètre *G*, on remarque que l'aiguille du galvanomètre dévie, en accusant un courant électrique qui va de la surface à la section du nerf par le circuit extérieur.

2° Une expérience identique à la précédente, réalisée sur un muscle *m* (B), coupé perpendiculairement au ventre, donne une déviation de même sens dans le galvanomètre. On remarque, en outre, que :

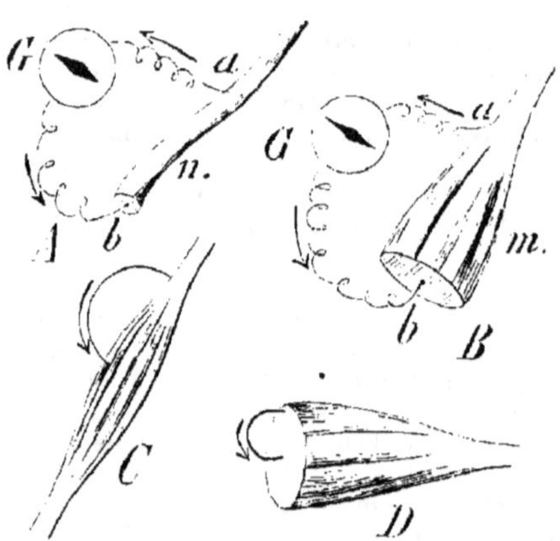

FIG. 65. — Organes producteurs d'électricité. A, lors de la section du nerf *n*, il se produit, de *a* vers *b*, dans le circuit extérieur *aGb*, un courant accusé par la déviation de l'aiguille du galvanomètre *G*. — B, même expérience faite sur un muscle, *m*. — C, D, sens des courants obtenus en réunissant deux points de la surface ou de la section d'un muscle.

1° Sur la surface intacte d'un muscle au repos, la tension positive est plus grande au voisinage du ventre qu'aux extrémités (C);

2° Sur la section d'un muscle au repos, la tension négative est plus grande au centre qu'à la périphérie (D).

La figure 65 (C et D) montre le sens des courants qu'on obtiendrait ainsi dans un conducteur métallique appliqué sur le muscle en expérience.

La tension diminue en chaque point du muscle au moment de sa contraction : c'est ce qu'on appelle la *variation négative*.

Les nerfs, les muscles, les glandes, tous les organes, en un mot, *consacrent à la production d'électricité une partie de l'énergie qui a pour origine les réactions chimiques dont ces organes sont le siège.*

Les courants électriques ainsi obtenus sont de faible intensité; il est fort probable cependant qu'ils jouent un certain rôle dans les réactions intracellulaires (mouvements moléculaires, électrolyse, etc.)

POISSONS ÉLECTRIQUES.

Quelques Poissons sont pourvus d'organes spéciaux qui leur permettent de donner de puissantes décharges électriques aux animaux qui les attaquent ou à ceux dont ils veulent faire leur proie. Ces sortes de piles vivantes sont : la *Torpille*, le *Gymnote*, le *Malaptérure*.

Chez la Torpille (fig. 66, A), les organes électriques, *Org.él*, sont situés de chaque côté et en avant des nageoires pectorales, *na.pec*, entre la tête, les sacs branchiaux, *Br* et *s.Br*, et le proptérygium de ces nageoires.

Constitution d'un organe électrique. — Un tel organe est composé d'une multitude de petits prismes hexagonaux dont les axes sont parallèles entre eux, ainsi qu'au plan de symétrie de l'animal; les prismes sont séparés par du tissu conjonctif qui divise en outre chacun d'eux en disques ou alvéoles, superposés comme les rondelles d'une pile de Volta. Un plexus nerveux, très fin, issu du trijumeau, *n.tr* et du *pneumogastrique*, est réparti dans toute l'étendue du tissu conjonctif que renferme l'organe électrique; un réseau vasculaire nourricier sillonne également le tissu conjonctif.

Alvéole. Lame électrique. — Chaque prisme de l'organe électrique comprend une pile d'alvéoles renfermant chacun :

1º une *lame électrique* qui en constitue *l'élément fondamental* (comparable à une rondelle zinc-cuivre de la pile voltaïque); 2º une couche de substance gélatineuse (correspondant à une rondelle de drap du même appareil).

Les lames électriques et les disques gélatineux alternent régulièrement. Dans les lames aboutissent les terminaisons en bois de cerf (fig. 66, B) du plexus nerveux contenu dans les cloisons conjonctives adjacentes.

Un alvéole donné présente donc : 1° une face occupée par la lame électrique (toujours électro-négative chez la Torpille) ;

2° une face opposée constituée par le disque gélatineux (électro-positif).

Comme tous les alvéoles sont disposés de même dans chaque prisme et tous les prismes identiquement placés dans chaque

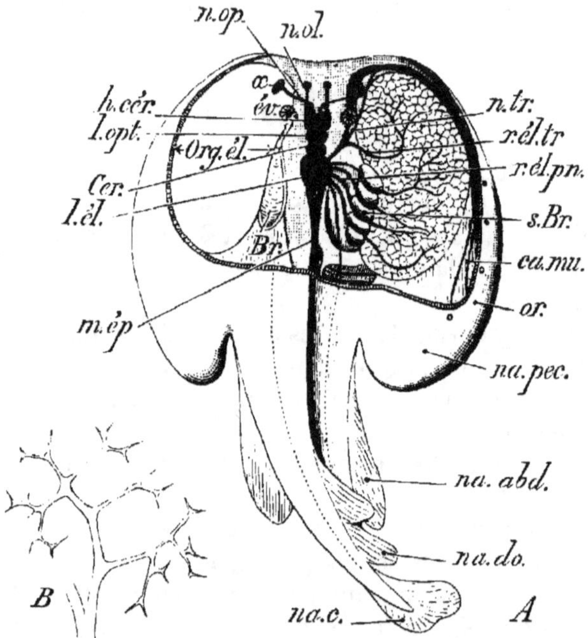

Fig. 66. — Organes électriques. — A, Torpille : *na.pec*, nageoire pectorale ; *na.abd*, nageoire abdominale ; *na.do*, nageoire dorsale ; *na.c*, nageoire caudale ; *Br, s.Br*, sacs branchiaux ; *év*, évent : *Org.él*, organes électriques (figurés seulement à droite) ; *h.cér*, hémisphères cérébraux ; *l.opt*, lobes optiques ; *l.él*, lobes électriques : *m.ép*, moelle épinière : *n.ol*, nerf olfactif : *n.op*, nerf optique : *œ*, œil : *n.tr*, nerf trijumeau et son rameau électrique, *r.él.tr* ; *r.él.pn*, rameaux électriques du nerf pneumogastrique répartis dans l'organe électrique droit. — B, terminaisons en bois de cerf du plexus nerveux dans les organes électriques.

organe électrique, on conçoit facilement que la Torpille possède *une véritable pile dont l'activité dépend des centres qui l'innervent ;* aussi la destruction des *lobes électriques, l.él*, annihile physiologiquement les organes électriques qui demeurent cependant excitables pendant quelque temps par des moyens artificiels.

Chez le *Gymnote*, les deux organes électriques sont placés dans la région caudale et de chaque côté du corps. Ceux du *Malaptérure* occupent la région du tronc ; ils forment une véritable ceinture placée sous la peau ; une mince cloison médiane, dorsale et ventrale, partage cette ceinture en deux parties symétriques.

Les organes du Gymnote et du Malaptérure sont innervés par la moelle épinière.

La *Raie* et le *Mormyrus* possèdent des organes pseudo-électriques, ainsi appelés parce que, tout en ayant une structure analogue à celle des organes électriques, ces appareils paraissent ne pas produire d'électricité.

Caractère et effets de la décharge. — M. Marey a

reconnu que *la décharge de l'organe électrique, résultant de la fusion de secousses successives et rapides, présente une grande analogie avec l'acte musculaire.* Cette déduction est rationnelle, puisque *le tissu électrogène* qui compose les prismes *résulte d'une différenciation du tissu musculaire strié.*

Les effets produits par la décharge consistent en un ébranlement des articulations suivi d'engourdissement ; ils sont tellement violents avec le Gymnote que cet animal est capable de foudroyer de gros animaux, parfois des Chevaux.

Le Gymnote vit dans les fleuves et les marais de l'Amérique méridionale ; or les indigènes, poursuivant les Chevaux sauvages qu'ils veulent capturer, les chassent parfois dans les marais pour les exposer aux décharges engourdissantes des Poissons électriques.

III. — STRUCTURE DU SYSTÈME NERVEUX

Nous avons exposé, dans le 1er tome de cet ouvrage, la structure du système nerveux telle qu'elle a été conçue jusqu'à ces dernières années. d'après les travaux de divers histologistes (en particulier Wagner, Remak, Deiters et Gerlach); mais les méthodes employées pour déceler la composition histologique de la substance grise étaient trop imparfaites et ne permettaient pas de définir nettement les rapports des cellules nerveuses entre elles, pas plus que le mode d'union des cellules et des fibres nerveuses.

La découverte par Golgi. en 1880, d'une nouvelle méthode de coloration des plus fines expansions nerveuses a permis à divers histologistes, MM. Ranvier et Ramon y Cajal entre autres, de mieux préciser ces rapports.

Méthode de Golgi. — On soumet au durcissement, dans le bichromate de potassium, des fragments de substance nerveuse (centres nerveux) qu'on traite ensuite par l'azotate d'argent. Sous l'influence de ce dernier réactif, il se forme un *précipité rouge opaque de chromate d'argent exclusivement déposé dans l'épaisseur des cellules et des fibres nerveuses :* ces éléments deviennent facilement perceptibles sur le fond jaunâtre transparent des coupes.

RÉSULTATS GÉNÉRAUX DES RECHERCHES RÉCENTES.

Grâce à cette méthode d'observation, les points suivants sont acquis d'une manière indiscutable :

1º *Les cylindres-axes,* cy.a (fig. 67, A). *de même que les expansions protoplasmiques,* ex, *des cellules nerveuses, se résolvent en ramilles parfaitement libres dans l'épaisseur de la substance grise.*

2º *Les prolongements protoplasmiques,* cy.a, ex, *peuvent servir à conduire les courants nerveux, de même que le corps des cellules nerveuses.*

3º *Il existe deux types morphologiques* (**et non physiologiques**) *de cellules nerveuses dans la substance grise :*

(a) **Les cellules à cylindre-axe court,** cy.c (B) *qui forment une arborisation terminale autour des corpuscules voisins;*

(b) **Les cellules à cylindre-axe long.** cy.l (C) *dont le prolongement se continue avec une fibre nerveuse de la substance blanche.*

Ces deux types sont *indistinctement* répartis dans tous les

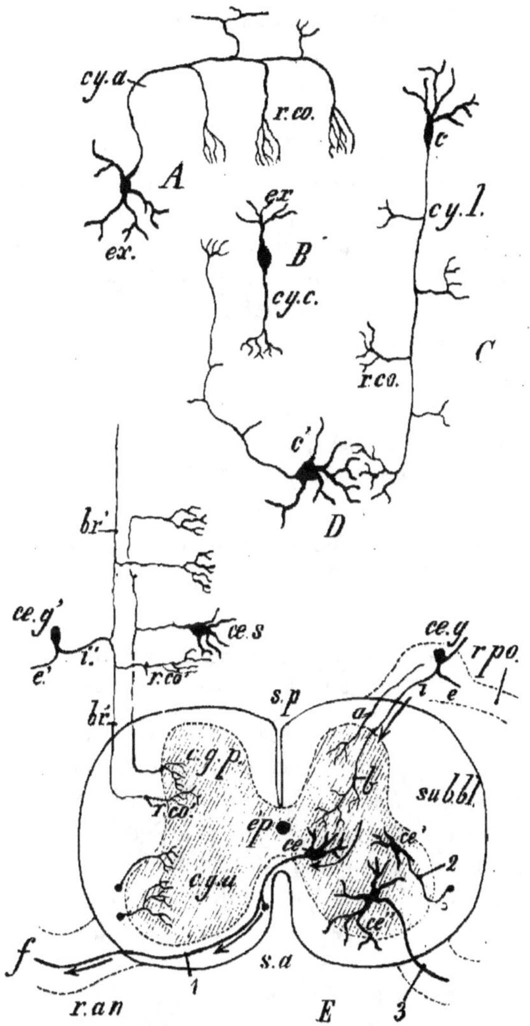

Fig. 67. — Structure du système nerveux. — A, cellule nerveuse avec expansions protoplasmiques, *ex.* et cylindre-axe, *cy.a*, émettant des ramilles collatérales, *r.co.* — B, cellule nerveuse à cylindre-axe court, *cy.c.* — C. cellule nerveuse à cylindre-axe long, *cy.l.* — D, contact. — E, section schématisée de la moelle épinière. *s.a*, sillon antérieur ; *s.p*, sillon postérieur ; *sub.bl.* substance blanche ; *c.g.a, c.g.p*, cornes grises antérieure et postérieure ; *ép*, canal de l'épendyme ; *r.an*, racine antérieure d'un nerf rachidien du côté droit ; *r.po*, racine postérieure d'un nerf rachidien du côté gauche ; *ce*, cellule commissurale ; *ce'*, cellule de cordon ; *ce''*, cellule radiculaire motrice ; *ce.g*, cellule nerveuse (appartenant au ganglion de la racine postérieure, *r.po*) à cylindre-axe bifurqué : *e*, branche externe ; *i*, branche interne ramifiée dans la substance blanche comme il est indiqué pour la branche, *i'*, d'une cellule ganglionnaire identique, *ce.g'* (on supposera que cette dernière appartient au ganglion d'une racine nerveuse insérée au-dessus de la section de la moelle figurée ici) ; *ce.s*, cellule de la substance grise (corne grise postérieure), située à un niveau supérieur à la section ci-jointe.

centres nerveux (écorce cérébrale, cervelet, corps striés, etc...),
mais non distribués d'une manière quelconque.

4° *Les connexions entre les fibres et les cellules nerveuses ont lieu
au moyen de* **contacts** (D); c'est-à-dire que les arborisations des
cylindres-axes de certaines cellules, *c*, font face au corps ou aux
prolongements protoplasmiques d'autres cellules nerveuses, *c'*.

L'axe cérébro-spinal se compose ainsi d'UNITÉS NERVEUSES super-
posées (NEURONES de Waldeyer). L'*unité nerveuse* comprend une
cellule nerveuse et ses dépendances immédiates (cylindre-axe et
son arborisation, expansions protoplasmiques).

5° *Les prolongements des cellules nerveuses à cylindre-axe long
peuvent, en pénétrant dans la substance blanche, s'y ramifier en deux
ou plusieurs fibres à myéline.*

6° *Les fibres nerveuses de la substance blanche émettent à angle
droit des* **ramilles collatérales**, *elles-mêmes ramifiées et terminées*
librement *dans la substance grise voisine.* L'ensemble des ramilles
collatérales forme, en grande partie, les commissures des
organes nerveux centraux (corps calleux, commissures de la
moelle, etc.)

CONFIRMATION DE CES RÉSULTATS PAR L'ÉTUDE
DE QUELQUES CENTRES NERVEUX.

Moelle épinière. — La substance grise qui occupe le centre
de la moelle épinière comprend quatre sortes de cellules : 1° des
cellules commissurales, *ce* (fig. 67, F), dont le cylindre-axe (1)
contribue à former la commissure antérieure en passant dans le
cordon antéro-latéral du côté opposé ;

2° Des *cellules de cordons*, *cc'*, dont le cylindre-axe (2) se continue
par une ou plusieurs fibres du cordon antéro-latéral ou postérieur
du même côté ;

3° Des *cellules radiculaires motrices*, *ce''*, dont le cylindre-axe (3)
fait partie intégrante de la racine antérieure voisine ;

4° Des *cellules à cylindre-axe complexe* dont les ramifications
peuvent se distribuer aux cordons blancs des deux côtés de la
moelle.

Nombre d'expansions provenant des cellules placées à divers
niveaux s'engagent entre toutes ces cellules et forment un
ensemble d'une extrême complexité.

Connexions de la moelle épinière et des racines sensitives. — Toute
cellule nerveuse, *ce.g*, appartenant à l'un des ganglions situés

sur le trajet des racines rachidiennes postérieures, $r.po^1$, émet un seul prolongement bifurqué. Les deux branches qui en proviennent sont : l'une externe, e, qui se termine dans un corpuscule sensitif (voir fig. 68, B) ; l'autre interne, i, qui pénètre dans la moelle où elle se ramifie à son tour, ainsi que le montre la branche, i' (cette dernière provient de la cellule, $ce.g'$, que nous supposons située dans le ganglion d'une racine sensitive supérieure du côté droit).

Chacune des branches de second ordre, br', ainsi formées, s'étend dans les cordons blancs de la moelle, émet à angle droit des ramilles collatérales, $r.co'$, réparties dans la substance grise *en contiguïté* avec les expansions des cellules propres, ce et ce', de cette même substance grise.

Parmi ces collatérales, il en est de deux sortes :

1° Des *racines collatérales courtes*, a, qui se terminent dans les cornes grises postérieures, $c.g.p$, et se mettent en rapport avec les divers corpuscules de la substance grise ;

2° Des *racines collatérales longues*, b, qui pénètrent jusque dans les cornes grises antérieures, $c.g.a$; *elles sont articulées*, par contiguïté toujours, *avec les expansions d'une cellule nerveuse motrice* voisine, ce. On les appelle, pour cette raison, *fibres sensitives-motrices* ou *réflexo-motrices*.

Cas des réflexes inconscients. — La dénomination de fibres réflexo-motrices est justifiée par le fait que *les racines collatérales longues*, b, *représentent la seule voie de communication entre les racines sensitives*, $r.po$, *les cellules des cornes grises antérieures*, $c.g.a$, *et les racines rachidiennes antérieures*, $r.an$: voie ordinaire des *actes réflexes inconscients* dus à une excitation de faible intensité. Le sens de la propagation de l'excitation sensitive *inconsciente* et de l'incitation motrice qui en est le plus souvent la conséquence est figuré par les flèches en e, i, b, ce, f (fig. 67, E).

Cas des réflexes conscients. — Si l'excitation est intense, elle est communiquée par tout l'ensemble des collatérales (courtes et longues) aux neurones superposés le long de la moelle épinière, puis à la substance encéphalique.

Le trajet suivi par les excitations sensitives et les incitations qui en résultent de la part de l'écorce grise cérébrale est donné par les flèches dans la figure schématique 68, B. On y suppose une excitation reçue par les terminaisons nerveuses intra-épider-

1. Voir t. Ier. p. 285, fig. 278 et 280.

miques de la couche de Malpighi, *c.Ma*, conduite par les branches externe, *e*, et interne, *i*, de la cellule ganglionnaire, *ce.g*, jusqu'à la moelle épinière.

Plusieurs *unités nerveuses* (non figurées), interposées dans la moelle, participent à la conduction de l'excitation *consciente* à l'écorce grise cérébrale, *Ec.gr.cér*, qui l'élabore et la transforme en une incitation motrice *volontaire;* celle-ci est conduite par les arborisations et les cylindres-axes des cellules pyramidales, *b, b'* (fig. 68, A), de l'écorce grise cérébrale, à de nouveaux neurones (non figurés), puis aux cellules radiculaires motrices *ce* de la moelle, cellules dont les cylindres-axes aboutissent aux fibres musculaires *f.m.*

Écorce grise cérébrale. — Cette région, qui limite extérieurement la substance cérébrale, présente à considérer deux zones principales assez distinctes : la *couche moléculaire, c.mol.* (fig. 68, A), extérieure et la *couche des cellules pyramidales, c.py,* interne appliquée sur la substance blanche, *Sub.bl.*

Dans la couche moléculaire, on remarque des cellules *c* dont les expansions se résolvent en une foule de ramilles entrecroisées avec les panaches des cellules pyramidales, *b, b'*. Ces dernières, parfaitement étagées dans la couche, *c.py*, émettent, en outre, un cylindre-axe qui se continue, par une fibre à myéline, dans la substance blanche. Des cellules polymorphes, *a*, avec une arborisation très étendue, s'entremêlent aux éléments qui précèdent ; leur cylindre-axe se joint, dans la substance blanche, à ceux des cellules pyramidales, et tous émettent, dans la substance grise, une foule de collatérales elles-mêmes ramifiées et *librement terminées autour des cellules nerveuses.*

M. S. Ramon y Cajal pense que les dernières ramifications des fibres sensitives, *f.s.* se terminent, dans la couche moléculaire de l'écorce grise, au voisinage des panaches périphériques des cellules pyramidales, *b, b'*. Ces panaches seraient les points de départ des incitations motrices volontaires auxquelles nous avons fait allusion plus haut. Les panaches, les corps et arborisations des cellules pyramidales et des cellules polymorphes solidaires, puis leurs cylindres-axes, conduiraient les incitations dans le sens centrifuge, suivant les flèches indiquées (fig. 68, A).

Rétine. — *Connexions des cellules rétiniennes et des fibres du nerf optique.* — *La rétine est un véritable ganglion nerveux de large surface*, présentant trois étages d'unités nerveuses qui sont de dehors en dedans :

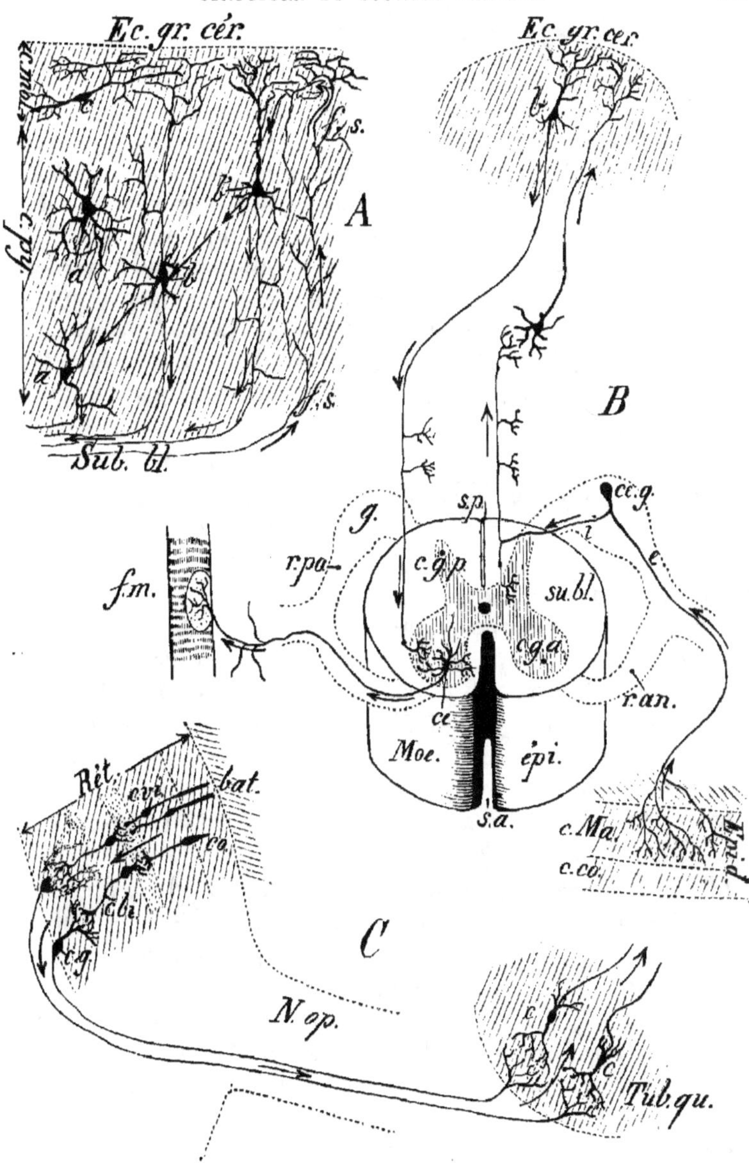

Fig. 68. — Structure du système nerveux. — A, Écorce grise cérébrale, *Ec.gr.cér* ; *Sub.bl*, substance blanche ; *c.mol*, couche moléculaire ; *c.py*, couche des cellules pyramidales. *b, b'*; *a*, cellules polymorphes : *f.s.*, fibre sensitive. — B, rapports de la moelle épinière, *Moe.épi.* et de l'écorce grise cérébrale. *Ec.gr.cér.* — *c.Ma*, couche de Malpighi de l'épiderme, *Épid* ; *f.m*, fibre musculaire. Les flèches indiquent le trajet suivi par l'impression sensitive et l'incitation motrice dans l'acte réflexe conscient. — C, structure de la rétine, *Rét*, et ses rapports avec les tubercules quadrijumeaux, *Tub. qu*; *bat. co*, couche des bâtonnets et des cônes : *c.vi*, cellules visuelles ; *c.bi*, cellules bipolaires : *c.g*, cellules ganglionnaires ; *N.op*, nerf optique.

1° La couche des *cellules visuelles, c.vi* (fig. 68, C):

2° La couche des *cellules bipolaires, c.bi* ;

3° La couche des *cellules ganglionnaires, c. g.*

Les cellules visuelles se terminent du côté externe par des cônes. *co*, ou des bâtonnets, *bat* ; les cellules à cône se prolongent du côté interne par une arborisation ; les fibres des cellules à bâtonnet sont pourvues au même niveau d'une petite sphérule. A ces arborisations et sphérules des cellules visuelles correspondent, suivant le mode d'articulation par contiguïté, les panaches des cellules bipolaires ; les expansions internes de ces dernières cellules font face aux arborisations des cellules ganglionnaires à diverses hauteurs dans une couche plexiforme épaisse ; enfin les cylindres-axes des cellules ganglionnaires deviennent partie intégrante du nerf optique, *N.op*, et se terminent vis-à-vis des expansions émises par les cellules nerveuses. *c*. des corps genouillés et des tubercules quadrijumeaux.

L'impression visuelle reçue par les cônes et les bâtonnets rétiniens se propage donc, par l'intermédiaire de trois étages (au moins) de neurones. jusqu'aux tubercules quadrijumeaux, suivant les flèches indiquées (fig. 68, C). A partir de ce moment, l'excitation est transmise à un nombre plus considérable de cellules ; elle fait tache d'huile, pour ainsi dire. à mesure qu'elle envahit l'encéphale jusqu'à l'écorce grise chargée d'élaborer l'impression reçue.

REMARQUE. — L'examen des faits qui précèdent nous conduit à deux déductions intéressantes :

I. La *cellule nerveuse* comprend : 1° une *partie réceptrice* des courants nerveux qui sont apportés au corps cellulaire, dans le sens *cellulipète*, par les expansions protoplasmiques (panaches, arborisations) ; 2° une *partie affectée à la transmission* des mêmes courants dans le sens *cellulifuge*, par le cylindre-axe : 3° une *partie distributrice* figurée par l'arborisation terminale du cylindre-axe. [Plus sont nombreuses les expansions protoplasmiques d'une cellule. plus est grande la quantité d'éléments par lesquels elle est influencée ; plus aussi le cylindre-axe d'une cellule possède une arborisation riche et étendue, plus est considérable le nombre des éléments auxquels sera transmis le courant nerveux qui la traverse.]

II. *Toute excitation*. sensitive, visuelle, olfactive, etc... *se diffuse d'une manière croissante, à mesure qu'elle atteint des organes nerveux de plus en plus centraux.*

Embryologie de la cellule pyramidale cérébrale chez l'Homme. Étude comparative de la même cellule dans la série des Vertébrés. — La cellule pyramidale de l'écorce grise cérébrale, qui paraît jouer un rôle *fondamental* dans l'élaboration des excitations, présente une curieuse évolution chez le fœtus humain au cours du développement. D'abord constituée par un neuroblaste sans tige protoplasmique (fig. 69, 1), elle acquiert peu à peu un cylindre-axe sans ramifications et un panache terminal des plus simples (2) ; apparaissent ensuite (3) les ramilles collatérales du cylindre-axe et du panache qui se développent

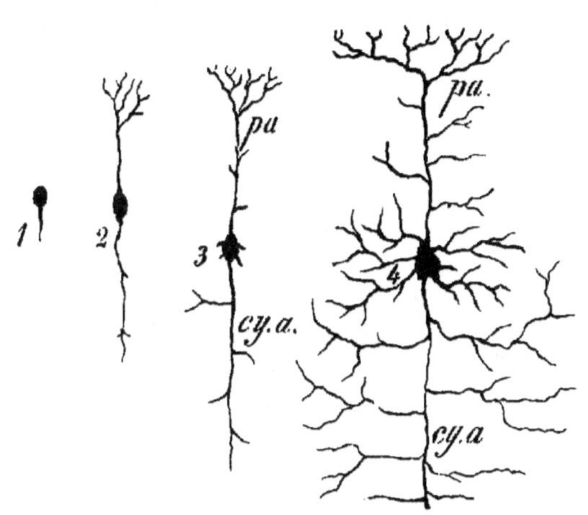

Fig. 69. — Évolution de la cellule pyramidale cérébrale chez l'Homme. 1. 2. 3, 4, stades successifs ; *pa*, panache : *cy.a*, cylindre-axe interrompu en 1.

eux-mêmes en longueur ; cette phase correspond à la fin de la vie embryonnaire. La complexité de la forme définitive de la cellule pyramidale (4) est seulement acquise dans l'âge adulte, et d'une manière variable *probablement* avec la gymnastique cérébrale.

[La multiplicité des ramilles terminales et collatérales déterminerait, dans la substance grise cérébrale, grâce à une éducation mentale savamment dirigée, de nouvelles connexions intercellulaires ; elle favoriserait ainsi le groupement de plus nombreux éléments en vastes associations capables d'un travail puissant et rapide.]

Cette corrélation entre l'accroissement des expansions cellulaires nerveuses et le développement des facultés intellectuelles semble confirmée par l'examen comparé de la cellule pyramidale dans la série des Vertébrés adultes.

Les Poissons sont dépourvus de cet élément histologique qui, chez les Reptiles, présente un cylindre-axe peu ou pas ramifié et un panache élémentaire (fig. 69, 3). La cellule pyramidale des Oiseaux ne diffère pas sensiblement de cette forme : ses ramifi=

cations sont d'autant plus nombreuses, chez les Mammifères, que ces animaux ont une intelligence mieux accusée.

« Si nous ne craignions d'abuser des comparaisons, dit M. S. Ramon y Cajal, « nous dirions que l'écorce grise cérébrale est pareille à un jardin peuplé d'ar- « bres innombrables (*cellules pyramidales*), qui, grâce à une culture intel- « ligente, peuvent multiplier leurs branches (panaches), enfoncer plus loin leurs « racines (cylindres-axes et leurs ramifications), et produire des fleurs et des « fruits (travail intellectuel) chaque fois plus variés et plus exquis. »

FIN DU FASCICULE PREMIER.

Paris. — Imp. E. CAPIOMONT et Cⁱᵉ, rue des Poitevins, 6